中公新書 2408

小泉武夫著

醤油・味噌・酢はすごい

三大発酵調味料と日本人

中央公論新社刊

はじめに

米や大豆、麦などを使って醸《かも》す発酵調味料である醬油《しょうゆ》、味噌《みそ》、酢を対象として、日本の食文化の基層とその周辺をさぐってみよう、というのが本書の目的である。

今日の日本人の食生活にとって、この三つの調味料はなくてはならないものであるが、本文で述べるように三者とも、すでに奈良時代の食卓に登場するのであるから、歴史は大変に古い。

実はこの三つの発酵調味料には、それぞれに関連性があって、本文では読者が理解しやすいように「醬油」、「味噌」、「酢」と三つの章に分けて述べているが、醸造学的視野から造り方を見てみると、また発酵学的視野から発酵微生物を見てみると、互いに共通した幾本かの線によって結ばれている。そしてそれは、日本人の大昔からの稲作あるいは米食の文化と実に密接につながっているのである。例えば、昔から日本人は水田で稲を育て、その田圃《たんぼ》を囲む畔《あぜ》には大豆を植えて同時期に収穫してきたが、これを食事学的に考えてみると水田は飯《めし》であり、畔は醤油あるいは味噌汁であって、ここに日本人の食の原風景が読めるように、である。

そしてこの日本という国には、特有の気候風土のために我が国の「国菌《こっきん》」である「麹《こうじ》菌《きん》」が地球上最も旺盛かつ強健に分布棲息《せいそく》しているため、この菌が米や大豆、麦に繁殖して「麹」をつくり、醤油、味噌、米酢が得られるのである。すでにその初見は奈良時代の『播《はり》磨国風土記《まのくにふどき》』にあり、神様に捧《ささ》げた蒸米《むしまい》にカビが生え、それを「カビタチ」と言い、さらに「カムタチ」、「カムチ」、「カウジ」、「コウジ」に語源変化して今日の麹に至っている。

このように、醤油、味噌、米酢を造るのには、共通した麹菌の応用が大昔から続けられてきたが、この三大調味料はまた、日本人の食生活においても共通した役割を担ってきた。それはまず味噌と醤油の美味《おい》しさと、酢の酸っぱさといった味の演出で、味噌汁がなければ「一汁三菜」を基本とする和食は成り立たず、醤油がなければ日本食文化ならではの魚介の生食「刺身」も食べられず、酢がなければ酢和《すあ》えや酢〆《すじめ》はできないし、鮨《すし》もできない。

これらの三つの調味料をさらに調理学的視野から見てみると、そこには食の保存という共通のキーワードが宿っている。近年まで冷蔵庫などなかった時代には、味噌漬けや醤油あるいは溜《たまり》漬け、酢漬けにしておくことにより、食べものは腐敗から逃れることができ、美味しく永く貯蔵することができる。さらにこれら三種の発酵調味料は、生臭みを消すのには魔法のような力を持ち、とりわけ地球上最も大量に魚を食べる日本人にとって、最も理想的調味料なのである。

また、醤油、味噌、酢は日本人の食事の基本である粒食《つぶしょく》（米を粒のまま炊いてご飯粒で食べる食態。これに対して中国の万頭《マントウ》や麵《ミエン》、西欧のパンやヌードルなどは粉《こな》にして食べる食態なので粉食《こなしょく》という）と実によく調和しているのである。例えばおむすびに味噌あるいは醤油を塗ってそのままでも、それを焼いても粒の飯と実によく合って美味しいものである。さらに日本人のみの食法である握り鮨では、飯粒に酢を加え、それを握った酢と飯の相性は、生の魚介まで巻き込んで絶妙の美味しさになる。

一方、本文で述べるように、この三つの発酵調味料は、いずれも神格化され祀《まつ》られているという点も誠に日本的である。日本の各地には、味噌神社や味噌天神があったり、醤油や酢を祀る神社があって、これらのことは、日本人がいかにこれらの調味料を大切にしてきたかを物語るものである。

以上のように、醤油、味噌そして酢は、日本人にとって切っても切れない重要な嗜好品《しこうひん》であり、その歴史や周辺の食文化、さらには現状とこれからなどを理解することは、和食がユネスコの無形文化遺産に登録された今こそ時宜を得たものと解し、日本人の教養のひとつとして身に付けるべきことだと思うのである。

醤油・味噌・酢はすごい　目次

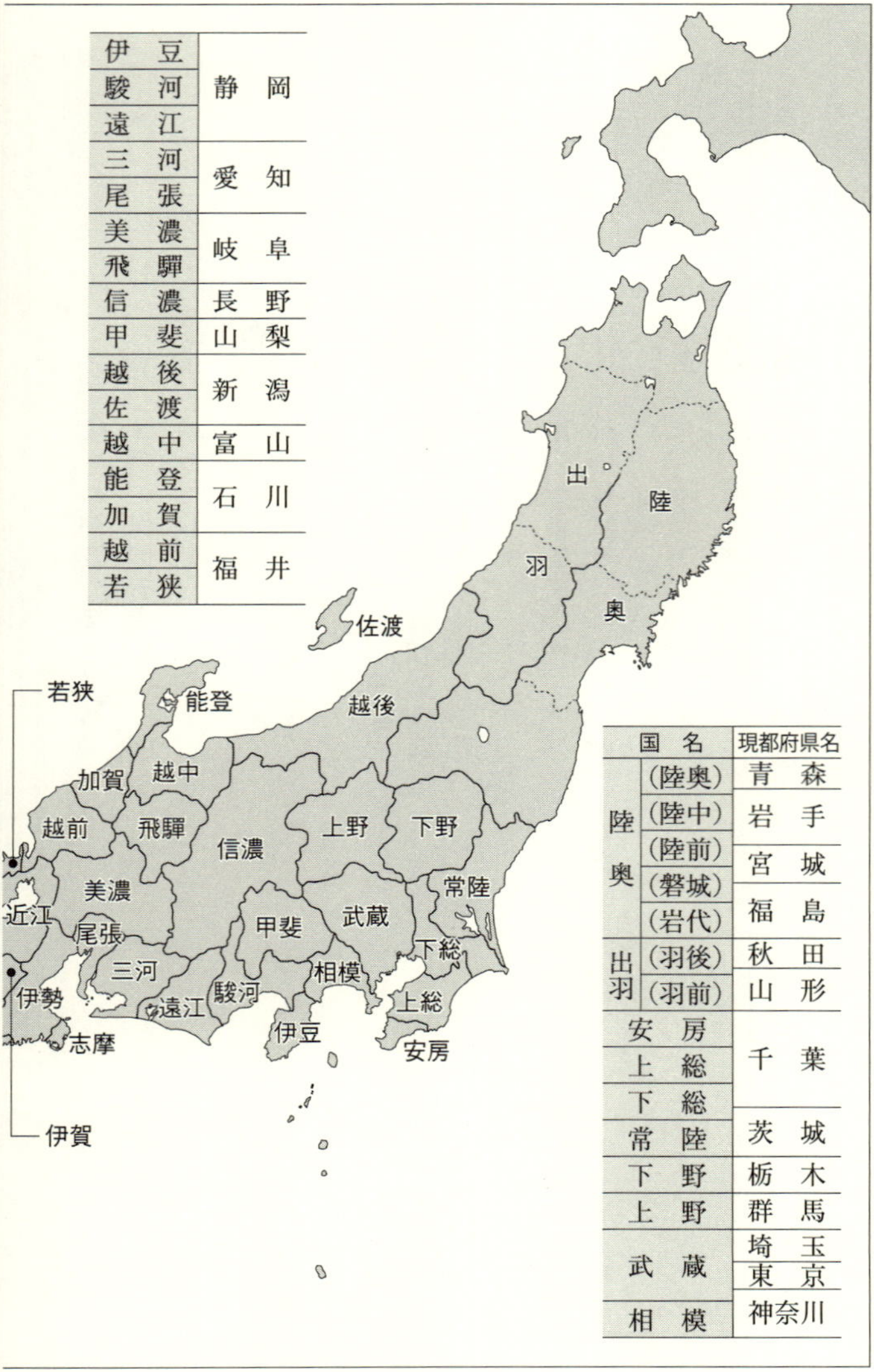

伊豆	静岡
駿河	
遠江	
三河	愛知
尾張	
美濃	岐阜
飛騨	
信濃	長野
甲斐	山梨
越後	新潟
佐渡	
越中	富山
能登	石川
加賀	
越前	福井
若狭	

国名		現都府県名
陸奥	(陸奥)	青森
	(陸中)	岩手
	(陸前)	宮城
	(磐城)	福島
	(岩代)	
出羽	(羽後)	秋田
	(羽前)	山形
安房		千葉
上総		
下総		
常陸		茨城
下野		栃木
上野		群馬
武蔵		埼玉
		東京
相模		神奈川

筑前	福岡
筑後	
豊前	
豊後	大分
日向	宮崎
大隅	鹿児島
薩摩	
肥後	熊本
肥前	佐賀
壱岐	長崎
対馬	

阿波	徳島
土佐	高知
伊予	愛媛
讃岐	香川
備前	岡山
美作	
備中	
備後	広島
安芸	
周防	山口
長門	
石見	島根
出雲	
隠岐	
伯耆	鳥取
因幡	

近江	滋賀
山城	京都
丹後	
丹波	兵庫
但馬	
播磨	
淡路	
摂津	大阪
和泉	
河内	
大和	奈良
伊賀	三重
伊勢	
志摩	
紀伊	和歌山

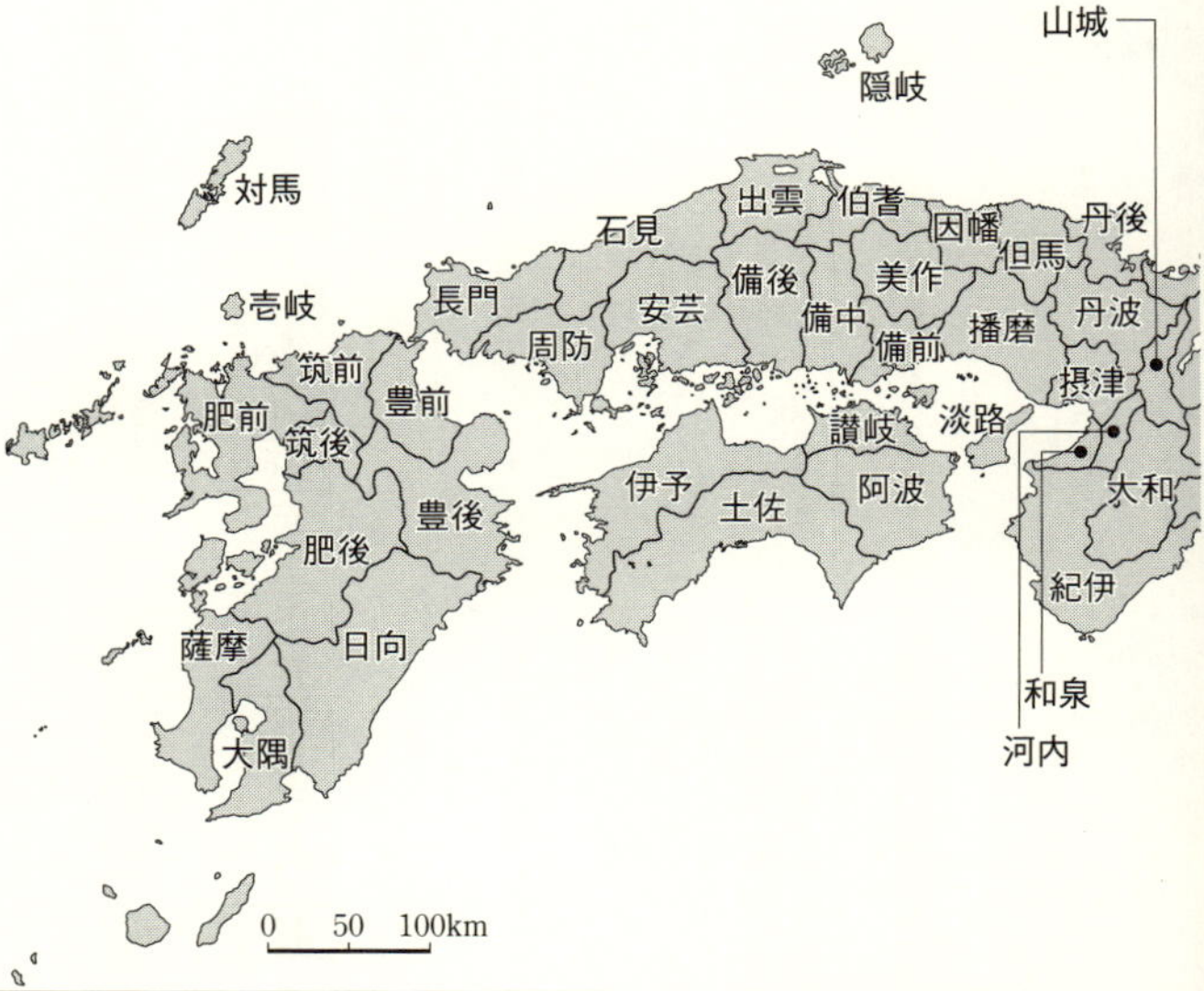

醬油・味噌・酢はすごい

第一章　醬油の話

1　塩のこと

日本の発酵調味料、とりわけ醤油《しょうゆ》や味噌《みそ》、魚醤《ぎょしょう》などを語るには、まず塩の話をしなくてはなるまい。というのは、塩は人間にとって不可欠の生理機能成分であるが、「食べもの」という観点から見ると、塩《しょ》っぱい味をもたらしてくれるだけでなく、腐敗菌を寄せつけないので、保存料にもなる重宝なものであるからだ。つまり塩は、腐敗菌の侵入を抑えて、発酵菌だけの醸《かも》しの場をつくることと、発酵調味料に熟《な》れた塩味を付けることができるわけだから実に頼もしい限りというものである。こうして、腐敗菌の生育には厳しく、発酵菌には優しい塩は、発酵調味料を造るのに不可欠で、極めて大切な材料ということになって使われてきたのである。

その塩を、今から一万年以上も前の日本人は海水や岩塩といった自然にあるものをそのまま使っていたのであるが、縄文時代になって人々が集落をつくって生活をはじめると、今度は安定してそして大量の塩が必要となった。そこで知恵を搾り出し、長い間をかけて古代土器製塩法を編み出した。それは縄文時代後期、今からだいたい三〇〇〇～四〇〇〇年前のことである。この製塩法は、土器に塩水を入れ、煮沸《しゃふつ》して塩の結晶を得る方法で、日本では茨城県霞《かすみ》ヶ浦《がうら》沿岸に初現し、以後宮城県松島湾《まつしま》、青森県下北《しもきた》半島や津軽《つがる》半島にまで広がった。これらの地はいずれも北方であるが、以後は南方にも伝わって、弥生《やよい》時代のはじめに岡山県児島《こじま》地方を中心に出現し、さらに香川県、徳島県、和歌山県、兵庫県、大阪府など瀬戸内海東部に広がり、次いで古墳時代は愛知県知多《ちた》・渥美《あつみ》地方、九州天草《あまくさ》地方にまで伝播《でんぱ》、日本海側では能登《のと》半島や佐渡島《さどがしま》にも広がって、ついにほぼ日本全土に古代土器製塩法が拡大して、最盛期に至った。これらの地域からは、土器製塩法に使われた土器が多数発掘され、考古学的に立証されている。

これらの土器製塩法と並行して行われていた製塩法が藻塩焼《もしおや》きである。こちらの方は海が大荒れになると、海岸や浜辺に大量の海藻が打ち上げられる。それを集めてきて乾燥し、火をつけて燃やすと、塩は燃えないので灰とともに残り、そこから粗塩《あらじお》を得るというわけである。この方法が奈良時代まで組織的に続いていたのは、とても原始的な方法と思われがちだが、実はなかなか効率よく大量の塩が採れるからである。知恵を重ねていくうちに、単に海藻を焼くだけでなく、乾燥藻をどんどん積み重ね、その上から幾度も海水を振りかけて、下に出てくる鹹水《かんすい》（濃い塩水）を煮つめるという仕方を考えついたためである。

この藻塩焼きは『万葉集』やさまざまな『風土記《ふどき》』に詠《よ》まれていて、やはり全国で行われていた方法である。『万葉集』には「志可《しか》の海人《あま》は藻《め》刈り塩焼き」、「朝凪《あさなぎ》に玉藻刈りつつ夕凪に藻塩焼きつつ」、「玉藻刈る海少女《あまおとめ》」などが見え、「塩焼く藻」(『常陸国《ひたちのくに》風土記』)、「塩焼くけぶり」・「塩焼衣《しおやきぎぬ》」・「海辺常去らず焼く塩」(『播磨国《はりまのくに》風土記』)、「大君《おおきみ》の塩焼く海人《あま》」(『敦《つる》賀国《がのくに》風土記』)、「海処女《あまおとめ》ら焼く塩の」(『讃岐国《さぬきのくに》風土記』)、「火気《けぶり》焼き立てて焼く塩」(『筑紫国《ちくしのくに》風土記』)などが見える。

図1　石川県の滝・柴垣製塩遺跡群E地区で発見された鉄釜炉用の炉跡　炉の内径は1.2メートルで、手前が焚き口。写真提供、富山大学人文学部考古学研究室

そして七世紀ごろから、それまでとは違った新しい方式として大型煎熬《せんごう》容器が主に瀬戸内地方に現われた。これは鉄製の釜に海水からとった鹹水を入れ、それを煮つめて塩を採るという方法で、効率よく大量の塩が得られる。この方法も、その後全国各地に伝播していったが、実はこのころまたもや知恵者の日本人は、大量の塩を得る方法として塩田による製塩法を考え出した。海に接する砂浜に巨大な塩田をつくり、人力で海水をその塩田に汲《く》みあげて塩をつくる揚浜《あげはま》式と、満潮のときに海水をその塩田にあげ、引き潮のときに水門を閉ざして塩を得る入浜《いりはま》式であ

る。最初は揚浜式であったが、時代を経るにつれ入浜式に移っている。

以後、この塩田式はつい近年まで続いてきたが、昭和四十五年（一九七〇年）ごろから、その塩田を使用しないイオン交換膜製塩法に全面的に転換し、今に至っている。もちろん、天然の塩を求めて今も昔ながらの方法でミネラルをたっぷりと含んだ美味《おい》しい塩を造っている業者も少なくなく、また海外から岩塩や塩湖の塩の輸入も多くなった今の日本では、塩はその性質を好みで選んで買い求められるようになった。こうして塩は、日本国中どこでも不自由なく手に入れることができ、これから述べる醬油や味噌、魚醬といった発酵調味料の重要な原料の一部になっているのである。

2 醬油の歴史

「醬油」は大豆、小麦、魚、鳥、獣肉などタンパク質を多く含む動植物を原料として、それに食塩存在下で麴菌《こうじきん》や発酵微生物を増殖作用させ、アミノ酸や糖類といった呈味《ていみ》物質に変えた調味料の総称である。食塩は腐敗菌の侵入を防いで発酵菌の活躍をうながし、また塩味を付けて妙味を演出してくれる。また、醬油が美味《うま》いのは、原料中のタンパク質に麴菌のつくったタンパク質分解酵素が作用して、うま味の主成分であるアミノ酸を多く蓄積させるからである。

その起源は中国にあるといわれ、始皇帝《しこうてい》が天下を統一した秦《しん》の時代、すでに「醬《ジャン》」や「豉《シ》」の記述がある。そこから時代を経て六世紀初頭に出された北魏《ほくぎ》の賈思勰《かしきょう》の撰《せん》による中国最古の農業書『斉民要術《せいみんようじゅつ》』には、さらに詳しく「豆醬清《トウジャンチン》」、すなわち豆醬の上澄液《うわずみえき》、「醬油」の製造法が記されている。

我が国には仏教の伝来（五三八年）とともに渡来し、京都の寺で造られた、という説はあるが定かではない。ただ、今から二〇〇〇年も前の弥生時代には、我が国には魚や肉、穀物、野菜を塩で漬け込んだものがあり、それを「比之保《ひしお》」と呼んだ。中国から渡来した「醬」という漢字は、今でも中国語の大切な字であるけれども、中国に「比之保」という熟語はなく、このことは「醬」と「比之保」とは本来異なるものであり、今の多くの本で「醬」に「ひしお」とルビを付けたり、「醬」を「比之保」と同一としたりしているのは正しくないのかもしれない。

私がそのように考えたのは、「醬」が中国から渡来してくる前、すでに日本には塩で漬け込んだものがあってそれを「比之保」と呼んでいたからである。その「比之保」は完全なる日本の造語で、その名の由来はさまざまあって、当時は肉を塩に漬け込んで保存食としたものを肉塩《しししお》といい、それがヒシオになったとか、塩に漬《ひた》したので漬塩《ひたしお》が転訛《てんか》したとか、ヒは長く日を置いた塩なのでヒシオとなったなどの説が考えられるのである。

当時は魚や鳥類の肉、鹿や野兎《のうさぎ》、猪《いのしし》などの獣肉、野菜などを塩に漬けて保存していた。すると、塩の持つ浸透圧の作用でそれらの材料の細胞から水分を出し（漬物の原理）、味の付いた液体となる。大昔の人たちは、貴重な塩や味を含んでいるその滲出《しんしゅつ》液を捨てるはずはなく、それらをとっておいてさまざまな調味料として食べたのであろう。そのうちに仏教の伝来とともに中国の醬が入ってきた。しかし、それはすでに日本にあった「比之保」に似ているので、こちらも醬《ひしお》と呼んだのだろう。そして以後は、日本古来の比之保も中国渡来の醬《ひしお》も一緒にしてしまったものと思われる。

日本は四方を海に囲まれた海洋国家でもあるので、大昔から塩は比較的容易に得られ、非常に早い時代から塩を介在させた食品は食べられていた。今から三〇〇〇〜四〇〇〇年前の縄文時代、すでに縄文製塩は行われていたので、獲《と》ってきた魚や野生動物の肉、野菜などは縄文土器に入れ、保存と味付けのためにそれに塩を加えて置いておくと、そこに漬けた材料から水が滲出し、塩分濃度が薄まるから、今度はそこに発酵菌が繁殖して発酵物ができる。それを濾《こ》せば、うま味と塩味の付いた発酵調味料ができるという考えは、ごく自然でなんら無理はなく、おそらくこうして日本人の最も古い発酵嗜好物《しこうぶつ》が縄文後期には出来上がったのであろう。その縄文時代は文字がなかったのでそのあたりのことは記述に残っていないが、考古学的には十分に推測がつくことである。そしてそれが弥生時代を経て奈良時代に入り文字が現われると、はじめて食べものの材料を塩で漬け込んだものを「比之保」と表現するようになったのであろう。したがって、「醬」は中国より仏教伝来とともに渡来してきたという説は本当だとしても、それよりもずっとずっと以前に我が国には発酵調味料があったと私は思っている。

文字が奈良時代に出てくると、とにかく当時のさまざまな文献には、驚くべき頻度で多くの食塩介在食品が出てくる。例えば天平《てんぴょう》年間（七二九〜七四九年）の木簡《もっかん》に残されているウリの塩漬けの記録や、さまざまな漬物、塩辛の類《たぐい》、比之保の類で、中でも大宝《たいほう》元年（七〇一年）に制定された「大宝律令《りつりょう》」には朝廷に「醬院《ひしおつかさ》」を設置し、大膳職《おおかしわでのつかさ》（食事全体を掌握するところ）の別院として雑醬（さまざまな醬油）や豉《くき》（煮た大豆をすり潰して塩を加えたもの）、未醬《みしょう》（醬油と味噌の中間のような諸味《もろみ》）などを司《つかさど》る令を出している。調味料としての醬がいかに重要な嗜好物であったかがうかがい知れるところである。

とにかく奈良時代から平安時代初期にかけては、よほど醬が持てはやされたと見えて、東《とう》大寺《だいじ》の『正倉院文書《しょうそういんもんじょ》』（七二七〜七七六年）や『延喜式《えんぎしき》』（九〇五〜九二七年）、あるいは『本《ほん》草和名《ぞうわみょう》』（九一八年）あたりを見ると、「草醬《くさびしお》」、「魚醬《うおびしお》」、「穀醬《こくびしお》」といったさまざまな醬が見える。「草醬」とは今の野菜の漬物のようなもので、ウリ、アオナ、ナス、カブ、ダイコン、ミズネギ、モモ、アンズなどが塩とともに漬け込まれていた。また「肉醬」には鳥、獣、貝、カニ、ウニ、エビ、一部の魚などを塩とともに漬け込んだもので、今の塩辛のようなものであった。「魚醬」は魚やイカの肉や内臓、卵などを塩に漬け込んだもので、さらに「穀醬」は大豆、米、小麦などを塩とともに漬け込んだもので、今日の醬油の原形を成すものである。

日本における大豆は、すでに縄文時代の遺跡から炭化した大豆が見つかっていて、また『古事記』や『日本書紀』には穀物起源神話に大豆が登場したり、奈良時代には重要食料のひとつとされているなど、とても古い時代から栽培されていた。また小麦の栽培は、考古学では弥生時代まで遡《さかのぼ》って確かめられており、近年はそれが縄文時代にさえも行われていたらしい証拠が出はじめている。一般への普及は奈良時代以降で、すでにこの時代、小麦の醬の記録がある。

これらの醬はいずれも共通して発酵していて、使うときはこれをそのままドロドロの状態で飯に塗ったりして食べ、またこれを漉して液体としたものを飯や菜《な》（おかず）にかけて食べていた。

このように「醬」の時代が平安時代まで続き、鎌倉時代に入ると今度は、それらの醬の中から特に「穀醤」系のものが調味料として重要な地位を築いていく。それは、京都の公家《くげ》政治に代わって源頼朝《みなもとのよりとも》が鎌倉に幕府を開き、武家政治体制に入っていくと、それまでの肉だ、魚だといった動物性原料よりも、農民から納められる穀物を原料とした方が安定して醤が得られることによるものであった。そしていよいよ日本の文献に「醤油」という二文字が登場するのは室町時代のことである。

室町時代の末期に成立したとされる『節用集《せつようしゅう》』（当時の国語辞典のようなもの）に「漿《こむつ》醤《びしお》」の二字として見えるが、その『節用集』は後年の慶長《けいちょう》二年（一五九七年）に『易林本《えきりんぼん》節用集《せつようしゅう》』として転写された際、「醤油」という字に改められている。また天文《てんぶん》五年（一五三六年）の『鹿苑日録《ろくおんにちろく》』には「漿油《しょうゆ》」とあり、さらに永禄《えいろく》二年（一五五九年）の『言継卿記《ときつぐきょうき》』には山科言継《やましなときつぐ》が「シヤウユウ」の小桶《こおけ》を長橋局《ながはしのつぼね》に贈ったことが記されている。永禄十一年（一五六八年）の『多門院《たもんいん》日記』にも「醤油」という記述がある。

その醤油の語源は『和漢三才図会《わかんさんさいずえ》』（一七一二年）や『大和本草《やまとほんぞう》』（一七〇八年）あたりに諸説を見るが、それらをまとめて考えてみると「醤からしみ出たり、しぼり出した油」（油のようにトロリとしている故《ゆえ》）と見るのが妥当のようである。このトロリとした醤油は、味噌と醤油の中間のような溜《たまり》状のものだったのかもしれない。今でも溜は液体状だけれども実にトロリとしていて、油が滴《したた》る状態と大変よく似ているからだ。溜は豆味噌造りの過程で桶の底部に沈澱《ちんでん》した液で、うま味のとても濃厚な調味料である。それを室町時代の料理書『四条流包丁書《しじょうりゅうほうちょうしょ》』（一四八九年）には「小鮒《こぶな》そのほかの魚を垂味噌《たれみそ》で煮て煮凝《にこごり》をつくった」と記されているほか、『包丁聞書《ほうちょうききがき》』や『武家調味故実《ぶけちょうみこじつ》』などにも味噌溜、たれ味噌などとの表現が見られ、当時の醤油は溜のようなものであったことがうかがえる。その造り方は「垂味噌は味噌一升に水三升五合を加えて煎《せん》じて三升とし、それを袋に入れて締めて垂らしたもの」（『包丁聞書』）とある。この造り方だと明らかに濃厚となり、油のような醤油となるので、やはり醤油の語源は、当時造られていた溜のようなものから由来したのだと思われる。そして、今のようなサラサラとした醤油が出現する前段階として、このような味噌と深い関係を持った醤油が一般的であったのではないかと私は考えている。

そこでそのあたりを調べてみると、なんと鎌倉時代に遡り、紀州由良《きしゅうゆら》の興国寺《こうこくじ》で径山寺《きんざんじ》味噌の製法を村人に教えた覚心《かくしん》という名僧が、その後苦心の末に溜醤油の醸造に成功し、その由良に隣接する紀州湯浅《ゆあさ》でそれを造らせた、というようなことがいくつかの本に見え、正応《しょうおう》年間（一二八八〜一二九三年）のころだという。もしこれが本当なら、今の醤油のタイプが出現する前の醤油は、味噌と関係のある溜だった可能性がある。そう言えば、今日の湯浅町に残る老舗《しにせ》の角長《かどちょう》、加納長兵衛《かのうちょうべえ》蔵の醤油は鎌倉・室町時代の「湯浅たまり・溜醤《たまりひしお》」を再現していて、まさに油のごときトロリとした醤油である。

図2　**醤油麴を造る**　右上に「いりたる豆とむしたる麦を交（まぜ）花を付る図」と書かれているが、花とは種麴のことである。『広益国産考』より

そして室町時代末期から江戸時代にかけて、巨大な桶の導入や製麴法《せいきくほう》の改良など、それまでの製法とは比較にならないほど技術革新が進み、企業生産へと結び付いていく。まず下《しも》総国《うさのくに》野田《のだ》で飯田市郎兵衛《いいだいちろうべえ》が永禄四年（一五六一年）に溜醤油を製造開始し、寛文《かんぶん》元年（一六六一年）に高梨兵左衛門《たかなしひょうざえもん》が、翌年には初代茂木《もぎ》七左衛門《しちざえもん》が味噌屋を開業、その後醤油屋となり、野田醤油発祥の基礎となる。江戸時代に入るや否や、京都、堺《さかい》、紀州湯浅、播州竜野《ばんしゅうたつの》、下総銚子《ちょうし》などに次々と企業型の醤油屋が誕生していく。

そして当時の醸造法を『雍州府志《ようしゅうふし》』（一六八二～一六八六年）で見てみると、すでに今日の醤油の造り方に似た方法で醸していて、溜はだんだんと薄らいでいって、味噌と醤油の分化も明確化している。当時の造り方は、主原料の大豆は煮るか蒸すかしていて、同量の大麦または小麦を炒《い》ってから砕き、この両者を混ぜ合わせて麴をつくり、それを桶に入れて塩水を加えて諸味《もろみ》にし、しばし

図3　醤油売り『江戸商売図会』より

ば攪拌《かくはん》して発酵と熟成をさせて製品にするという、今の造り方とほとんど違わない方法を確立しているのである。そして良い市販醤油は小麦を使っていて、このときすでに今日の濃口《こいくち》醤油の製造法が確立していたのには驚かされる。さらに『和漢三才図会』には出来上がった醤油諸味を搾って液汁を火入れ殺菌することまで記されており、なおさら驚かされる。『雍州府志』からはさらに、当時京都あたりでは造り酒屋が醤油も造るところが大半で、また一般の家々でも自前で醤油を造ることが多く、街には醤油売りの行商人も見られたことがわかる。

江戸前期の醤油は上方《かみがた》の大坂や堺、竜野のものが優れていて、徳川家康《とくがわいえやす》によって江戸が開府されると、江戸の市場へは大坂からの「下《くだ》り醤油」が千石船《せんごくぶね》で運ばれて行った。また、尾《お》張《わり》知多湾の武豊《たけとよ》あたりからも江戸に向けて大量の醤油が海上輸送されていた。

慶長五年（一六〇〇年）の関ヶ原《せきがはら》の戦い、同二十年（一六一五年）の大坂夏の陣で豊臣《とよとみ》氏は

図４　両国の川開き　江戸の人口は多く、川開きの日などは、広い墨田川も屋形船でごった返した。『江戸名所花暦』より

滅び、天下は徳川家康に帰した。以来、江戸は政治、経済、文化の中心として発展し、次第に全国最大の消費地としての体制が出来上がっていき、元禄《げんろく》時代には国中の物資が江戸に向かって動くようになった。例えば元禄十年（一六九七年）、江戸での酒の消費量は四斗樽《しとだる》で年間六四万樽だったのが、天明《てんめい》五年（一七八五年）には七七万五〇〇〇樽に達し、一八〇〇年代に入って文化《ぶんか》・文政《ぶんせい》のころには、実に一八〇万樽もの酒が江戸に入ってきたと記録されている。

天明七年（一七八七年）の『蜘蛛《くも》の糸《いと》巻《まき》』によると、当時の江戸は「町数二七七〇余町、市中人口一二八万五三〇〇人」とある。実際の数とは多少の違いはあるだろうが、一〇〇万人を突破していたことは間違いないとみてよいだろう。この人口は当時西欧第一の都市であったロンドンを遥《はる》かに凌《しの》いで、世界第一位であった。江戸の町人居住地は今の千代田区《ちよだ》、中央区《ちゅうおう》、港区《みなと》、台東区《たいとう》、墨田区《すみだ》、江東区《こうとう》、荒川区《あらかわ》の一部、江戸川区《えどがわ》の一部、足立区《あだち》の一部、葛飾区《かつしか》の一部、品川区《しながわ》の一部、新宿区《しんじゅく》と文京区《ぶんきょう》の一部を含む地域であったから、その人口密度たるや相当のものであった。

人口を仮に一〇〇万人とみて、酒が最も多く江戸に入った量（一八〇万樽）を基準にして一人当たりの年間消費量を算出すると、四斗樽で一・八樽となる。一人当たり毎日欠かさず約二合飲んでいたことになるが、一部の老人や女性、子供など飲酒をしない人たちを差し引いて換算してみると、飲酒者一人三合を一日も欠かさず一年間飲んでいた勘定になる。これは今日の日本人の一人当たりの飲酒量と比べると実に三倍近くもの量となる。なぜ、これほどの酒が飲まれていたかは謎であるが、それにしても江戸の人たちは酒が強かった。

当時、江戸で消費されていたのは「下り酒《くだ》」と呼ばれた灘目《なだめ》、伊丹《いたみ》、西宮《にしのみや》あたりのいわゆる本場からの酒と、美濃《みの》、尾張、三河《みかわ》といった東海道筋や江戸周辺からの「地廻《じまわ》り酒」と呼ばれる酒であった。そのうち「下り酒」は常時七〜九割を占めていた。

それだけもの酒が江戸で飲まれていたのであるから、醬油の需要も膨大で、その大半は大坂や堺といった関西から船で海上輸送されていった。それらの醬油は、上方から江戸に下っ

図5　江戸新川の酒問屋街とその倉庫　酒や醤油を積んだ船が品川沖に着くと、それを瀬取舟に積み替えて新川まで運び、倉庫に納めた。『江戸名所図会』より

図６　菱垣廻船　幕末に外国人が撮影した写真

て行ったので「下り醤油」と呼ばれた。とにかく下ってきたその醤油はとても品質がよく美味しかったので、運送代はかかるから高い値段はするものの、江戸市中あるいは近郊で造られていた「地廻り醤油」よりも好評で、大いに持てはやされていた。

その下り醤油を上方から江戸に輸送したのは「菱垣《ひがき》廻船《かいせん》」と呼ばれる船で、元和《げんな》五年（一六一九年）、紀州富田浦《とみだうら》の二五〇石船が堺の商人に雇われて大坂から酒、醤油、酢、和紙、綿、布などを運んだのが上方・江戸間の貨物運漕《うんそう》の最初である。船倉には樽に入った酒、酢、油、醤油などの重量物を積み、甲板《かんぱん》上には和紙、畳表、布などの軽量物を積み上げ、舷側《げんそく》には垣立《かきたつ》（積荷落下防止のための格子の戸板）を立てたが、垣立の格子が菱形《ひしがた》であるところから「菱垣」の名がついた。元和五年は徳川家康の十男頼宣《よりのぶ》が紀州初代藩主として入国した年である。その後、元禄七年（一六九四年）、江戸で下り品問屋の連合体である十組問屋《とくみどいや》が成立すると、紀州のほとんどの廻船はその連合体に専属していた菱垣廻船に加入した。こうして菱垣廻船団は一大勢力をもって江戸・大坂間を往復していたが、享保《きょうほう》十五年（一七三〇年）に積荷仕方のやりくりや共同海損《かいそん》（今でいう損害保険のようなもの）等でトラブルが発生し、酒・醤油問屋が十組仲間から離脱し独自に酒だけを運ぶ船を就航させることになったため、元和五年から享保十五年まで続いた菱垣廻船による酒の運搬は一応終わった。

酒問屋が就航させた廻船は、酒樽荷を主として運搬したので「樽廻船《たるかいせん》」と呼ばれたが、以後この船団が江戸への酒樽運搬に果たした役割は絶大であった。菱垣廻船はその後、米、糠《ぬか》、藍玉《あいだま》、素麺《そうめん》、酢、油、醤油といった日用品を荷の中心とし、樽廻船は酒荷専用の船となって、両廻船間で荷積協定を結びながら、鎬《しのぎ》を削って江戸へ物資を輸送した。

江戸への醤油の入荷が最も多かったのは享保年間（一七一六〜一七三六年）で、江戸の問屋に入った醤油の量について書かれた当時の記録を『吹塵録《すいじんろく》』で見ると、享保十一年（一七二六年）は一三万二八二九樽（うち大坂よりのもの一〇万一四五七樽）、享保十五年一六万二四一一樽（全樽大坂より）となっていて、とにかく下り醤油の人気は凄《すさ》まじかった。一樽は約四斗（今の一升瓶《びん》にして四〇本）入りなので、人口を仮に一〇〇万人とすると、江戸に最も多く入ってきた醤油一六万樽を基準にして一人当たりの年間消費量を計算してみるとだいたい六升四合、一升瓶で七本弱となり、一日に換算すると約〇・一七合、つまり今で言えば毎日一人約三〇ミリリットル消費していたことになる。この量は、現代日本人の消費量のほぼ三倍ということになる。

江戸の街でこれほど醤油が使われた理由は、まず食生活がとても質素だったので、塩っぱくて美味い調味料に頼ったこと、家庭で使われるだけでなく、佃煮《つくだに》や総菜、麺の汁《つゆ》のような加工用にも回されていたからであろう。

ところで当時の醤油の値段を調べてみると、上方からの下り醤油ははなはだ高値であった。例えば『近世風俗志《きんせいふうぞくし》』には、「ある人の持てるふるき引札を見るに左の通。醤油一升に付《つき》、大坂河内屋代百八文、鴻池《こうのいけ》同七拾弐文、近江屋《おうみや》同七拾文、てうし（銚子）同六拾文、佐原《さわら》同五拾弐文、結城《ゆうき》同四拾五文」とある。この値段を見ると、地廻り醤油と呼ばれた銚子（千葉）、佐原（千葉）、結城（茨城）の関東醤油に比べて上方からの下りものはなんと倍近い値で取引されていたのである。

ところが、江戸時代もどんどん下って後期になって気付いてみると、江戸市中における醤油の人気は逆転して、それまでの下り醤油に代わって関東醤油が俄然《がぜん》台頭してきたのである。文政四年（一八二一年）に江戸の醤油問屋が町年寄《まちどしより》に提出した上申書によると、当時江戸に搬入されていた醤油は年間一二五万樽、そのうち一二三万樽が上総《かずさ》、下総、常陸その他関東一円のもので、大坂からの回漕分はわずか二万樽にまで激減していたのである。

その理由はいくつもあって、まず第一に関東醤油、とりわけ野田と銚子では江戸の人たちの嗜好に合わせようと、従来の溜のような醤油に代えて、さっぱりとした味の醤油に切り替えようと試行錯誤し、ついに大豆と小麦を主原料とするいわゆる「濃口醤油」あるいは「関東醤油」を造り出すことに成功したのである。この醤油の風味は、粋でいなせな江戸人士から絶大な支持を受け、また野田や銚子以外の関東圏の醤油屋もこの濃口醤油に切り替えてついに下り醤油を江戸から締め出してしまったのである。

第二は何と言っても地の利だ。下り醤油は、遠く何百里も離れた彼方《かなた》から船で運んでくるので運賃も高くつき、そのため醤油の値段は高値になってしまう。しかし関東醤油であると巨大消費地の江戸には近いし、品質も安定させて届けることができる。

古くは野田で、寛文年間（一六六一～一六七三年）にキッコーマンの茂木、高梨一族が醤油醸造業を開始し、銚子では元和二年（一六一六年）にヒゲタが開業し、正保《しょうほう》二年（一六四五年）にはヤマサが創業を開始するなどしているが、その地である野田は江戸川の河岸にあり、銚子は利根川《とねがわ》の河口にある。つまり寛文、元和、正保という古い時代に次々とその地に醤油の蔵元が成立したのは単なる偶然などではなく、将来、一大消費地の江戸に向けて醤油を送り出すのには、最適の地と定めたからであろう。この二つの大河の上流には肥沃《ひよく》な土地を抱えた関東平野が広がっていて、そこで育てられた醤油の原料の大豆と小麦を川を下らせて運び込む。それを醬油に醸し上げ、今度はその川を利用して江戸に運び込む。これぞ誠に合理的な経営戦略であり、すばらしい叡智《えいち》である。

江戸時代が終わって明治時代に入ると、今度は西欧から近代科学がどんどん入ってきて、醬油製造のための基本、例えば原料学とか微生物学とか発酵学などの知識が少しずつ関係者に伝わってきた。そのため知恵者の日本人はそれらの知識を生かすなどして、醬油の生産量は飛躍的に増大していくのであった。また、生産者同士が集まって生産組合をつくったり、互いに技術力を競い合ったりし、明治十年（一八七七年）にはすでに醬油の博覧会や品評会が行われている。また全国のいたる地方に町の醬油屋も誕生し、それぞれの地域に醬油を供給していた。そのため明治十七年には『有益醬油製造法秘訣《ひけつ》』といった醬油造りの虎の巻のような本も地方の醬油蔵元を対象に売られていた。

大正時代に入ると大手企業系の醬油会社が次々に成立。まず大正三年（一九一四年）に銚子のヒゲタ、ジガミサ、カギダイの三社が合併して銚子醬油合資会社となり、浜口吉兵衛《はまぐちきちべえ》が初代社長に就いた。この銚子醬油合資会社に加盟しなかったヤマサは、昭和三年（一九二八年）にヤマサ醬油株式会社として名乗りをあげている。次いで大正六年に、茂木一族といわれる木白《きはく》印の六代目茂木七郎右衛門《しちろうえもん》、総本家の十一代目茂木七左衛門、九代目茂木佐平治《さへいじ》、先代茂木啓三郎《けいざぶろう》と流山《ながれやま》の堀切紋次郎《ほりきりもんじろう》、高梨兵左衛門など八家で資本金七〇〇万円の野田醬油株式会社を設立。

醤油醸造における名醸地は野田や銚子に限らず全国に点在し、発展しながら今日を迎えている。播磨平野の北西にある兵庫県たつの市も昔からの名醸地で、竜野淡口《うすくち》醤油として知られるところである。その歴史は古く、天正《てんしょう》十五年（一五八七年）円尾孫右衛門《まるおまごえもん》が酒醤油屋を開業し、屋号を円尾屋《まるおや》と称し、天正十八年には横山五郎兵衛宗信《よこやまごろべえむねのぶ》が同じく酒醤油問屋を開いて栗栖屋《くりすや》と称している。それらの歴史を継いで、今でもたつの市やその周辺に多くの醤油製造業者が業を営んでいるのには醤油を醸するのに適したすばらしい条件が揃《そろ》っているからである。その第一は市内の東南に流れる揖保川《いぼがわ》の水である。その水は鮎《あゆ》も群れる清流で、この水は醤油の名醸地をつくり上げたばかりでなく、「揖保の糸」で知られる素麺をも全国に名を馳《は》せさせた名水なのである。この水で醤油を仕込むと、やわらかく丸い口当たりのすばらしい製品ができ、その醤油は昔から「竜野淡口醤油」として多くの人に知られてきた。この淡口醤油があってこそ「揖保の糸」の素麺を極上に味わえる付け汁《つゆ》が得られるというものである。

また、たつの市を取り巻く播磨平野では、播州米とともに昔から大豆や小麦も一大生産地となっていて、その肥沃な土地で育んだ原料をふんだんに使える地の利があるのも恵まれてきた条件なのである。そして、もうひとつは決定的なもので、すぐ近くには赤穂《あこう》の塩があることである。昔から名塩の名にふさわしく、ミネラルがたっぷりで、醬油を醸す発酵菌にはとても力強い活力源になっているのである。

こうして、名水と豊かに育った大豆と小麦、そして赤穂の名塩。こんなに醬油醸造のための背景が整っているのだから、名醸地として栄えてきたのは当然なのである。

香川県小豆島《しょうどしま》もたつの市と同じく昔から醬油と素麺が有名なところである。醬油は内海町《うちのみちょう》（現・小豆島町）苗羽《のうま》を中心に発展してきて、大小いくつもの製造業が業を継いできている。昔からこの島は内海湾での製塩が盛んで、その塩を醬油に利用したのが始まりのようである。しかし島では、少しばかりの大豆や麦がとれるものの、それを醬油に加工してしまうのには不足である。そこで考えたのが島には特産の花崗岩《かこうがん》があり、それは船で島から積み出される。ならばその戻り船に原料となる大豆や小麦を積んで戻れば、島内で醬油の生産は可能だ、としたのである。

その考えを起こしたのは高橋文右衛門《たかはしぶんえもん》で、これが先見の明となった。紀州湯浅で醬油の醸造法を習得してきた後、文化元年（一八〇四年）小豆島に戻り、醬油造りを始めたといわれている。船で原料の大豆と小麦を運んできて、島に豊富にある塩を使い、醬油醸造に適した気候の下で仕込んだ醬油はとても美味しく、それをすぐ目の前にある大量消費地の兵庫津《ひょうごのつ》（今の神戸市）、大坂、京に送り込めたのであるから、以後は発展して一大産地になった。また幸いに素麺が有名でその素麺汁《つゆ》に使われ、さらに瀬戸内海の小魚類は小豆島醤油で炊かれて佃煮となり、こちらも名物化して行くなどして今日に及んでいる。

第二次世界大戦の後、日本は国土復興を旗印に国民一致団結してがんばった結果、驚くべき早さで国力は回復した。特に工業や製造業の発展はめざましく、醸造業界にも技術革新の波が押し寄せて、醤油製造業も大量生産化して食品工業的規模に進む企業と、相変わらず手造り感覚を残す小規模な店の二極に分化していった。

3　醤油ができるまで

醤油の種類

醤油とは、一般には大豆と小麦でつくった麴と食塩水を原料にして発酵させ、それを搾ってから熟成したもの、である。しかし、使用する原料の違いやその処理法、製品の色調などによってさまざまに分類される。現在、JAS（日本農林規格）の定義では「濃口醤油」、「淡口《うすくち》醤油」、「溜醤油」、「再仕込み醤油」、「白醤油」の五種類に規定されていて、市販されている醤油はこのいずれかに入る。現在（平成二十六年度）、市販醤油の八四％は濃口醤油、一二％が淡口醤油、溜醤油は一・六％、再仕込み醤油一・〇％、白醤油〇・七％の占有率となっている。そしてこの五種類の醤油ごとに特級、上級、標準の三等級が規定されていて、生産量の七〇％以上が特級で、上級が二〇％程度、標準は三％程度である。さらにその特級の中でうま味の成分が多く含まれるものに対しては、品質表示基準に従って「超特選」や「特選」などの表示が許されている。またJASでは醸造方式として「本醸造方式」、「混合醸造方式」、「混合方式」の三方式も別個に定めている。市販醤油の約八五％は本醸造方式の醤油で、混合方式の醤油は一四％程度、混合醸造方式は〇・六％程度となっている。規格が細分化されているので、消費者が混乱してしまうほどだ。

一方、これらのJASによって定義づけられた種類以外に、厚生労働省で指定した規格種類として、「減塩醤油」や普通の醤油より少し塩分の少ない「うす塩醤油」という規格もある。なお、醤油をベースに出汁《だし》を加えたものや昆布や味醂《みりん》などを加えたものなど多くの醤油様調味料が販売されているが、これらは醤油ではなく「醤油加工調味料」に入る。また魚醤油や肉醤油はJASでは醤油に当たらず、別の分類に入れられている。

醤油を醸す微生物たち

醤油を造るのには、大きく分類して麴菌、醤油酵母（耐塩性酵母）、醤油乳酸菌（耐塩性乳酸菌）の三種の異なる発酵微生物が必要となる。つまり糸状菌（麴菌）、酵母、細菌の三大微生物の共演ということになる。つまり蒸した大豆と炒った小麦を種麴《たねこうじ》とともに混合し、これを麴室《こうじむろ》で製麴《せいきく》すると、麴カビが繁殖してまず醬油麴ができる。この麴の中には、麴カビの生成したタンパク質分解酵素が多く含まれていて、諸味《もろみ》での発酵の際に原料のタンパク質を分解し、アミノ酸の蓄積を行う。次にこの麴と食塩と水を仕込み樽に配合して諸味をつくるが、この諸味では、主として麴に付着していた耐塩性酵母や耐塩性乳酸菌が繁殖して発酵が起こる。約一年間、発酵・熟成を行う間、それらの微生物はアルコールやエステル類、有機酸類などを蓄積し、あの特有の香味を持った醬油が出来上がるのである。

この醬油諸味には約一八％もの高濃度の食塩（塩化ナトリウム）が含まれるので、ほとんどの微生物は生育することができず、耐塩性の強い発酵微生物だけが活動することになる。今日では、あらかじめ純粋に培養した耐塩性酵母や耐塩性乳酸菌を諸味の仕込み時に加えることが行われている。

このように、醬油を醸すのに活躍する微生物にはそれぞれ大切な役割があるので、次に麴菌と酵母と細菌のそれぞれの仕事分担について詳しく述べる。

○醬油用麴菌

醬油の醸造において最も重要な微生物が麴菌である。この麴菌の選択を間違えば、美味しくない醬油になってしまうので死活問題である。麴菌は、蒸した穀物に繁殖するとき、実にさまざまな酵素（物質を分解したり合成したりするタンパク質）を生産して菌体外に分泌する。その代表的な酵素がデンプン分解酵素（アミラーゼ）とタンパク質分解酵素（プロテアーゼ）である。このとき、造る醸造物の種類によって麴菌を選択するのであるが、例えば日本酒のときは、デンプンを分解する能力の強い麴菌を選ばなければならない。なぜかというと、米のデンプンをまず分解してブドウ糖にし、さらにそれを酵母によってアルコール発酵させて酒を得るのだから、デンプン分解能力の弱い麴菌では目的のアルコール生成まで達成できず大失敗となる。醬油や味噌は、主原料の大豆に含まれる多量のタンパク質を分解して、うま味成分であるアミノ酸をたくさん出さなくてはならないので、タンパク質分解能力の強い麴菌の選択が必要である。したがって日本酒を醸すときの麴菌は、アスペルギルス・オリゼー（学名は *Aspergillus oryzae*）という日本の黄麴菌《きこうじきん》を使うことになっていて、また醬油や味噌にはアスペルギルス・ソヤー（*Aspergillus sojae*）という同じ日本の黄麴菌を使うことになる。両方とも日本にいる黄麴菌なのだが生理的性質は異なり、オリゼーの方はデンプン分解酵素を、ソヤーの方はタンパク質分解酵素を強く生産するのである。ソヤー（*sojae*）とは大豆

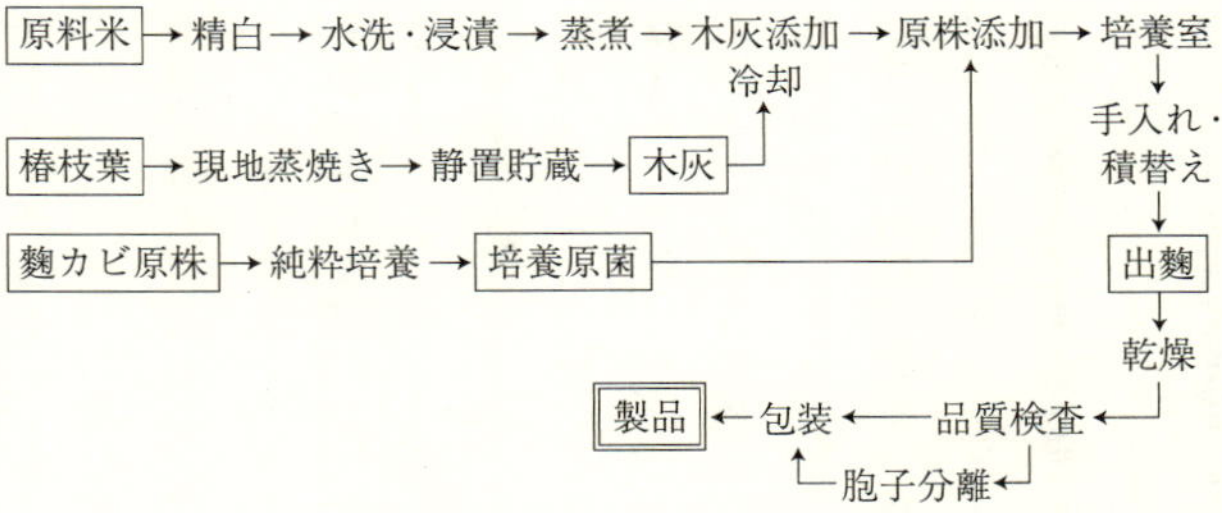

図7　種麹の製造工程

（Soya〔＝soi〕bean）から由来した命名で、「大豆によく繁殖してたくさんのタンパク質分解酵素を出す菌」から名付けられた。ちなみにオリゼーは稲（*Oryza sativa*）つまり「米に繁殖する菌」という性質で命名されたのである。

今全国の醬油醸造元で使われている麹菌は、昔から代々伝わる種麹屋から購入して使っているものが多い。種麹屋は、酒造用、醬油用、味噌用、甘酒用、焼酎用などと、用途に適合した性質優良な麹菌の原株を所有していて、その胞子を純粋培養して採取し、それをそれぞれの醸造蔵に納めているのである。昔は「友麹《ともこうじ》」あるいは「友種《ともだね》」といって、前回よくできた米麹の一部をとっておき、これを次回の種麹として使用したのである。しかし、いつも純粋な米麹が得られるとは限らないから、友麹が悪いと酒質も不良となることがしばしばであったうえに、大きな規模の仕込みには多量の友麹を使用しなければならない不便もあった。

そこで米麹をできる限り純粋に製造し、これを三～四日室《むろ》で育てると多量の胞子をつけるから、篩《ふるい》のようなものでふるって米粒と麹の胞子に分け、多量の胞子を乾燥して保存する方法が考え出された。こうすることにより、得られた胞子を蒸した米に撒《ま》くことによって、自由なときにいつでも安全確実に多量の麹を得ることが可能となる。すなわちこれが種麹のはじまりであり、十二世紀後半から十三世紀初頭にかけて発明された画期的知恵であった。

○耐塩性醤油酵母

醤油諸味《もろみ》の発酵の場合は、一〇％を遥かに超す高濃度の食塩の存在下にある。したがってその高い浸透圧の下で元気に発酵できる耐塩性の性質を持った強い酵母が必要である。一般に微生物は塩分に弱く、五％もあったらもう繁殖できない。塩の持つ浸透圧の作用で、微生物の細胞内の生理機能器官が外に出されてしまうからである。ところが醤油の諸味の中に生育する酵母は、特殊な細胞壁と細胞膜を有しているため、その高い塩分でも浸透圧にくじけず生育できるのである。そのような性質を有する酵母はチゴサッカロマイセス・ルキシー（*Zygosaccharomyces rouxii*）で、この酵母は諸味の中で発酵し、エチルアルコールやさまざまな高級アルコールを生成して、醤油に味や香りを与えるのである。またキャンディダ・バーサティルス（*Candida versatilis*）やキャンディダ・エッチェルシー（*Candida etchellsii*）という耐塩性酵母も活躍して醤油に特有の発酵香を付けるのである。

○耐塩性醤油乳酸菌

高濃度の醤油諸味の中にあって、活発に活動し、醤油に酸味（乳酸）を付与してくれる大切な細菌がテトラジェノコッカス・ハロフィラス（*Tetragenococcus halophilus*）である。耐塩性の醤油酵母ととても呼吸《いき》の合った増殖関係を保っている。これらの耐塩性酵母や乳酸菌は醤油仕込蔵《しこみぐら》に家付き菌として棲息しているので、諸味を仕込むと自然に湧き付いてくるが、密閉型発酵タンクを使用している大型工場では、それらの菌をあらかじめ培養して添加している。

濃口醤油ができるまで

濃口醤油は最も一般的な醤油で、普通、醤油といえばこの醤油のことである。濃い赤みがかった色調を持ち、高い香りが特徴である。現在市販されている約八割の醤油はこれに入り、家庭の台所でも一番親しまれているのがこの濃口である。歴史的には関東醤油の流れを汲み、関東ではもちろんのこと今日では全国的に造られている。濃口とは色が濃いことの意味で、主な生産地は野田、銚子、関東一帯、関西では兵庫県高砂《たかさご》や四国の小豆島あたりがよく知ら

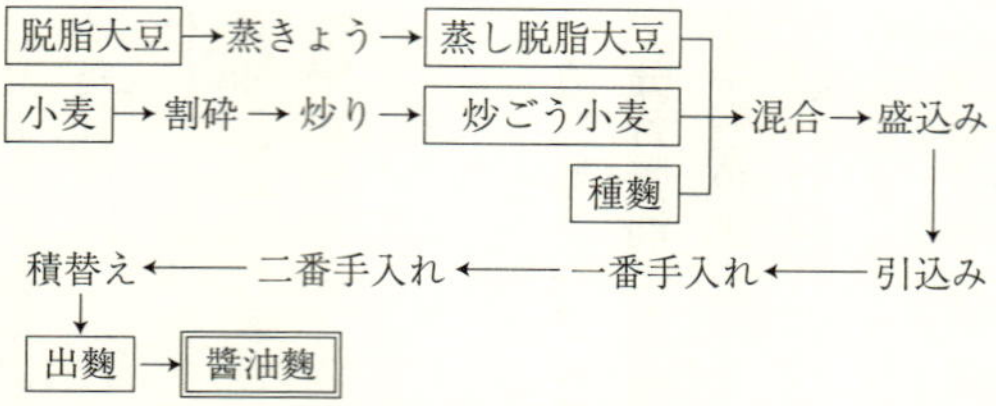

図8　醤油麹の製造工程

れている。

　まず醤油用麹の製造から入る。脱脂大豆は蒸し、小麦は割砕《かっさい》してから炒る。それを混ぜ合わせ、そこに種麹を振りかけて混ぜ合わせ、それを麹蓋《こうじぶた》という箱に盛り込んで、麹をつくる室《むろ》（常時摂氏三五度を保つ）に引き込み、麹菌の生育を待つ。麹菌はどんどん繁殖してきて温度を上昇させるから、ときどきそれを攪拌（手入れ）してやり、こうして五〇時間ほどすると麹が出来上がるので麹室から出《で》麹《こうじ》させるのである。ただ今は多くの醤油会社はコンピュータ付きの自動製麹機《せいきくき》を導入して大量の麹をつくっているところも少なくない。得られた醤油麹は諸味《もろみ》に仕込まれるが、その諸味の中では、実にさまざまな役割を果たすので、麹という奴《やつ》は本当に底力を持った凄《すご》い生命の塊である。その中で最も大きな役割は麹菌の生産する酵素の一種、タンパク質分解酵素（プロテアーゼ）の作用による原料中のタンパク質の分解である。

　この作用により生成した多量のアミノ酸やペプチドは醤油に強い味をもたらして、原料のタンパク質の利用率を高める役割をになっている。そのうえ、生成されたアミノ酸は呈味《ていみ》のみならず、諸味の段階で酵母や乳酸菌の作用を受けて醤油に特有の香気を付けるもととなっている。

一方、醤油麹中のデンプン分解酵素は小麦中のデンプンを分解し、ブドウ糖を生成させるから甘味を付けると同時に、発酵や熟成に関与する微生物への炭素源の供給元として重要である。もちろん発酵中、耐塩性酵母によって生産されるアルコール（一〜一・五％）や耐塩性乳酸菌によって生成される乳酸もこのブドウ糖が前駆体《ぜんくたい》となっている。

また醤油麹に含まれている繊維分解酵素（セルラーゼおよびヘミセルラーゼ）やペクチン分解酵素などは、プロテアーゼと共同で活動して大豆や小麦の植物組織を崩壊させる作用を持ち、またトランスアミナーゼやグルタミン酸脱水素酵素は、呈味の中心となるグルタミン酸の生成に一役かっている。

さらに原料中にある油脂は醤油には不要なものだが、麹由来の油脂分解酵素リパーゼの力で分解されてしまう。一方、醤油特有の色は主として糖類とアミノ酸との反応（アミノカルボニル反応）によって生成されるが、中でも発色に強く関与する五炭糖《ペントース》は原料中のペントザンやヘミセルロースが麹の酵素によって分解されるときに生じるものであるから、醤油着色の前駆体も麹が引き出す役割を持っている。さらに麹から溶出したビタミン類やミネラルなどの微量栄養素は、諸味中の酵母や乳酸菌の発酵に効果的な賦活剤《ふかつざい》となっている。

このように、醤油麹の役割は多岐に及んでいるが、これをつくりあげる醤油麹カビは大正二年（一九一三年）、喜多源逸《きたげんいつ》博士が溜《たまり》醤油および八丁《はっちょう》味噌（いずれも大豆麹だけを原料として仕込んだ醤油、味噌）から分離してこれをアスペルギルス・タマリ（*Aspergillus tamarii* *Kita*）と命名、その後昭和十九年（一九四四年）に坂口謹一郎《さかぐちきんいちろう》博士らはアスペルギルス・ソヤーと命名して現在に至っている。

清酒麹カビであるアスペルギルス・オリゼーと醤油麹カビ、アスペルギルス・ソヤーの形態上の違いは、ソヤーには胞子の表面に小さな突起のあることを特徴とするもので、昭和八年（一九三三年）に坂口博士がこれを発見し、その後同三十年（一九五五年）に飯塚廣《いいづかひろし》博士が顕微鏡で確認した。

このようにして醤油用の麹ができたなら、次は諸味の仕込みとなる。諸味とは、仕込み容器に醤油麹と食塩水を入れて仕込んだ発酵途中のもので、醤油の製造では「諸味」と書くが、日本酒の場合は「醪《もろみ》」と書く。仕込み容器（昔は大型の桶を使ったが、今は大半がステンレスタンクとなった）に大豆麹と食塩水を加えて仕込むのである。その比率は製麹に使った大豆と小麦の原料の合計一キロリットルに対し一・一〜一・三キロリットルの食塩水で仕込む。これを一一〜一三汲水《くみみず》といい、汲水が少ないほど成分の濃い醤油が得られる。仕込んだら麹と食塩水をよく攪拌して混和し、あとは一週間に一度攪拌し、そのまま発酵させる。諸味の

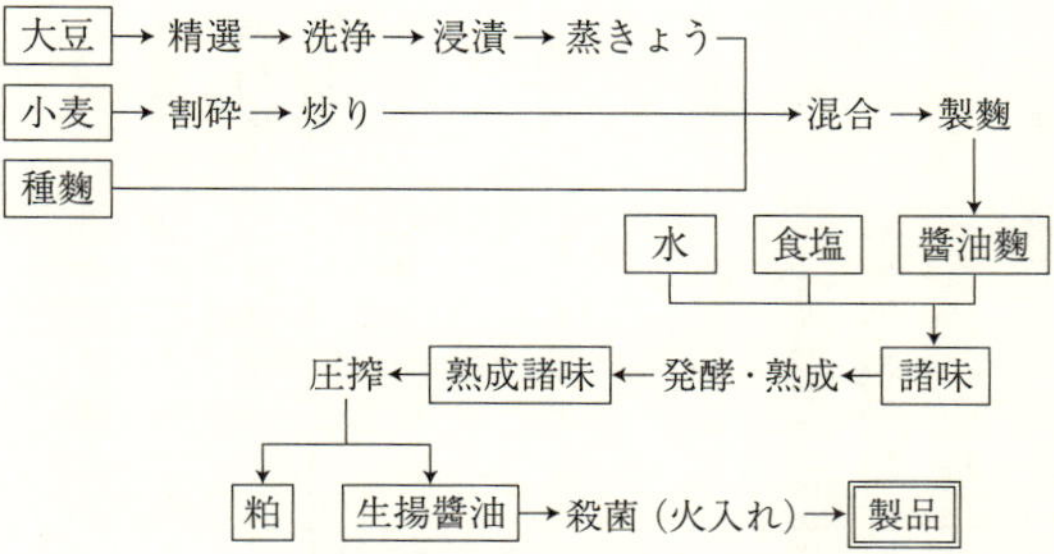

図9　濃口醤油の製造工程

食塩濃度は一七～一八%で、こんなに高い濃度でも、酵母や乳酸菌は活動を続ける。大概は四月に仕込み、十月にその諸味を搾って醤油を得る。圧搾して得られた液汁の醤油を「生《き》揚《あげ》」という。それを数日間置いて表面に浮いた醤油や沈澱した垽《おり》を除き、次に火入れをする。火入れは蒸気管を使ったり、熱交換方式、あるいはプレート・ヒーター方式によって熱を加える。火入れの目的は第一に生醤油《きじょうゆ》中の微生物の殺菌、第二は生醤油に残存する酵素の失活、第三は熱を加えることにより、さらに醤油らしい香りや色沢《しきたく》が増すこと、そして第四は火入れすることにより、醤油中の微量高分子物質（製品となって市場に行ってから沈澱してしまうと返品となる）を沈澱させ、除去することができるからである。火入れの温度は、普通生醤油なら摂氏八〇～八五度で一〇～三〇分、プレート・ヒーターを使う場合は摂氏一一〇～一三〇度で数十秒である。火入れ加熱後は摂氏六〇～六五度に急冷し、清《せい》澄《ちょう》タンクに移して数日間静置し、垽を沈澱させて除く。これで濃口醬油は完成。あとは容器に詰めて出荷と相成る。

淡口醬油ができるまで

淡口《うすくち》醬油の造り方は濃口醬油と大差なく、原料となる大豆や小麦を蒸すときに製品に色を着ける成分が増えないよう圧力をかけず、小麦を炒るときもあまり深炒りしないであっさり仕上げること、食塩の使用量も濃口の約一八％より多くして二〇％ぐらいにするなどが異なる点である。食塩を多くすると発酵や熟成がやや抑えられ、その分色が着かない。そして仕上げのときに米麴でつくった甘酒を諸味に加える点は濃口と異なる。また、火入れ温度も濃口のときよりは低い温度で行うことで、加熱による着色を少しでも抑えることにある。

溜醬油ができるまで

溜《たまり》醬油はJASの規格で「しょうゆのうち、大豆若《も》しくは大豆に少量の麦を加えたもの又《また》はこれに米等の穀類を加えたものをしょうゆこうじの原料とするもの」をいう。愛知県、岐阜県、三重県の東海三県で主に生産され、濃口醬油に比べて味が濃厚で独特の香りを持っている。ほとんど大豆のみで造った醬油と思ってよい。製造上の最大の特徴は、麴を味噌玉《みそだま》で造ることで、味噌玉とは蒸した大豆原料をおむすびのように丸く固め（直径四〜八センチ

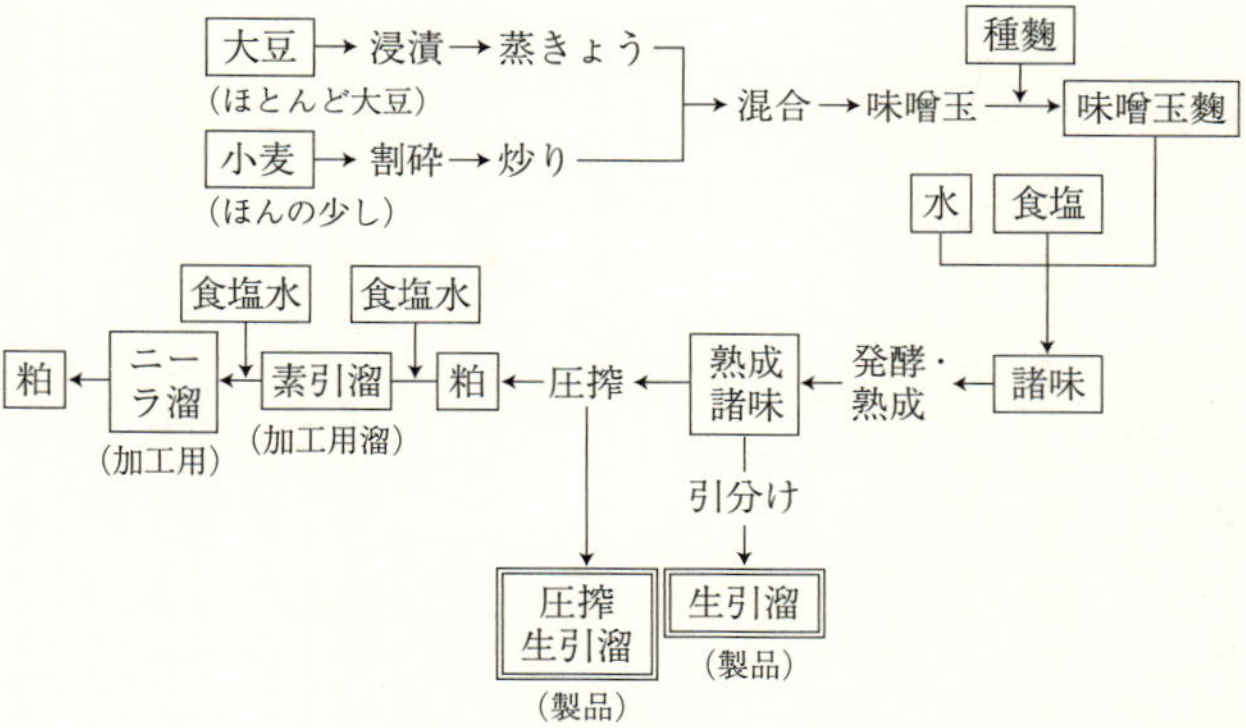

図10　溜醬油の製造工程

ぐらいの球状)、それに麹菌を増殖させた、団子《だんご》麹のようなものである。仕込み配合の一例は、大豆一〇〇キロと小麦二〇キロでの麹だとすると、濃度二〇%の食塩水を一二〇リットルである。とても濃厚な仕込みなので、諸味は液状とはならずに固体状(味噌状)であるので、発酵や熟成中は攪拌できない。そのため古くから仕込んだ諸味の中央に細長い笊《ざる》をはめ込んでおき、発酵されて溶け出て下の小桶に溜まった液を汲み集めては、それを諸味の上から掛けることを繰り返すのである。これを汲み掛け法という。こうして約一年間発酵と熟成を行い、いよいよ溜醬油を採取する一〇日ほど前には汲み掛け法を止《や》める。そしてあらかじめ仕込み桶の下に溜汁《たまりじる》が集まるようにしていたところの呑口《のみぐち》の栓を抜き取ると、溜まっていた醬油はそこから出てくる。この分離作業を「引分《ひきわ》け」といい、一週間ほどかかる。こうして得た溜醬油を「生引溜《きびきだまり》」といい、火入れはしないでそのまま製品とする。うま味がとりわけ濃厚で、粘度も高く、刺身の付け醬油などに使われて、最高級料理の醬油とされる。生引溜を抜いた後のものは圧搾機で搾ると、「圧搾生引溜《あっさくきびきだまり》」と呼び、これも製品に回す。そして、圧搾生引溜を抜いた後に残る粕《かす》に食塩水を加えて一ヶ月から三ヶ月そのままにしておき、そこから液汁を抜いたものは「素引溜《すびきだまり》」といい、さらにそれを抜いた粕に食塩水を加えて煮沸し、これを搾り取った汁を「ニーラ溜《だまり》」(「ニーラ」とは煮た、という意味)という。「素引溜」と「ニーラ溜」は「生引溜」の味に比べると数段格下なので、主に加工用に回す。このような手間のかかる製造工程を経て、溜醬油は出来上がるのであるが、「溜」の名は、つまり「溜まった」醬油から由来している。この溜醬油は、蒲焼《かばや》き用のタレに使ったり、刺身の付けダレとしたり、魚の照り焼きや佃煮、米菓、麺汁《つゆ》、鉄板焼きやお好み焼き用のタレ、焼鳥のタレなどさまざまな料理や加工用に使われるのである。

再仕込み醬油ができるまで

再仕込み醬油は、一度完成した醬油に、再び醬油麴を加えて再発酵させるという、発酵の二段攻撃のような凄技《すごわざ》を加えた贅沢《ぜいたく》な醬油である。JAS規格では「大豆にほぼ等量の麦を加えたもの又はこれに米等の穀類を加えたものをしょうゆこうじの原料とし、かつ、もろみ

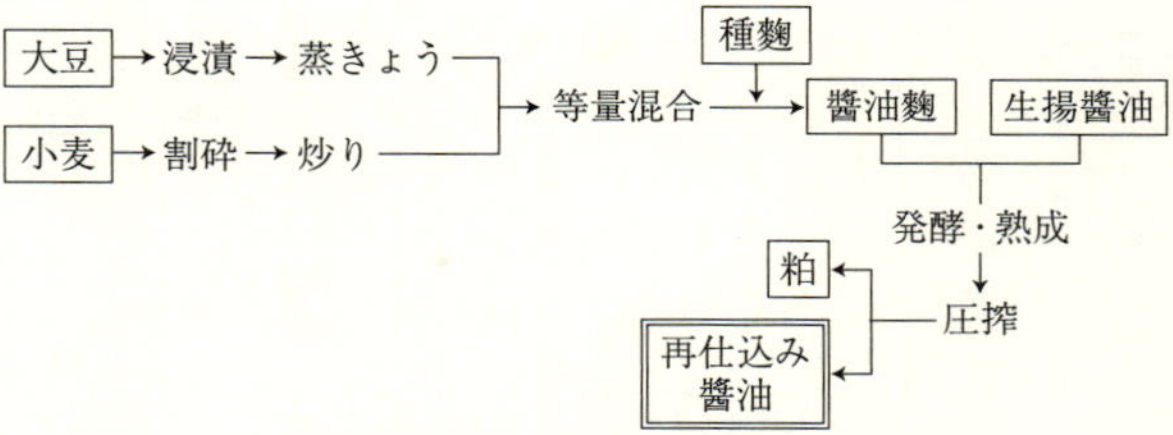

図11　再仕込み醤油の製造工程

は食塩水の代わりに生揚げを加えたものを使用するもの」をいう。

このように醤油を仕込み水として再び醤油を仕込むのであるから、醤油で醤油を造ることになる。したがって出来上がった醤油は色、味、香りとも濃厚でトロミがあり、実に美味しい醤油となる。山口県の柳井《やない》地方で昔から造られてきた「甘露《かんろ》醤油」が元祖といわれ、鮨《すし》や刺身、冷奴《ひややっこ》などの付け醤油、鰻《うなぎ》の蒲焼き用のタレ、上等の麺汁《つゆ》などに使われて重宝されている。

白醤油ができるまで

白醤油は名称のごとく通常の醤油のような黒赤色を持たず、極めて色の薄い醤油である。だいたい、紅茶を水で薄めたくらいの色調と思えばよい。煮物を中心とした醤油を使う料理の仕上がりに、あまり色を着けずに見栄えをよくしたいという、京都を中心とする関西系の料理調味料である。したがって仕込みでは、色が着く要因を極力抑えて醸さなければならず、難しい醤油の造り方が強いられる。白醤油の消費地は関西地方だが、生産地は愛知県

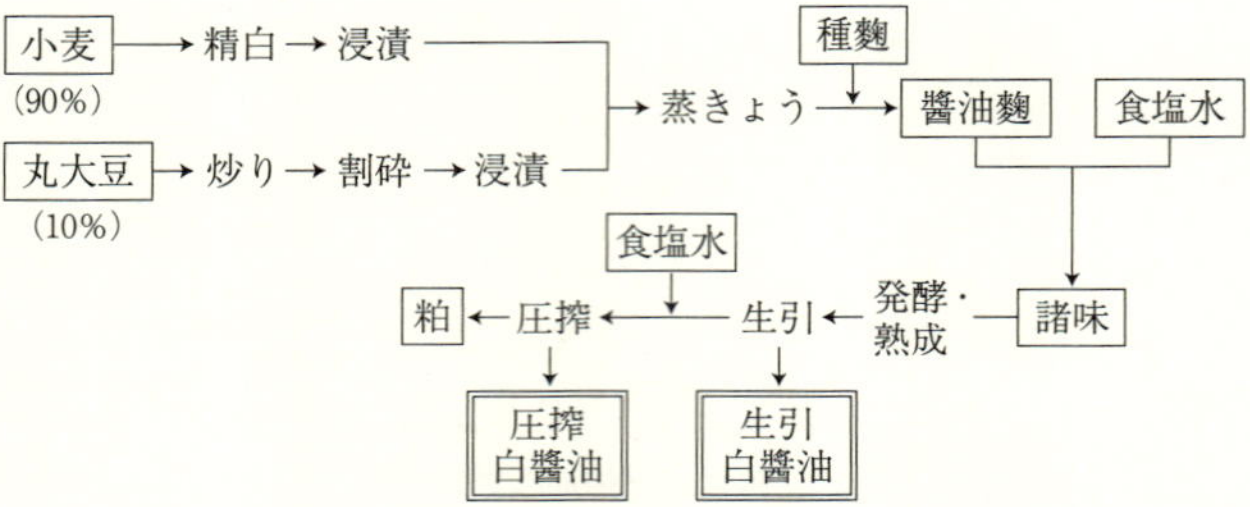

図12　白醤油の製造工程

の名古屋付近や知多半島が多い。

　造り方の特徴はまず原料にあり、醤油といえばそのほとんどは大豆を主原料とするのに対し、白醤油では丸大豆を使い、しかもその丸大豆はほんの少ししか使わず、小麦九〇％に対し丸大豆一〇％の割合が大半である。大豆を多く使うと、着色起因物質が多くなり白醤油の色が出ないからだ。また、丸大豆は最初に蒸すのではなく炒ってから割砕し、それを水に浸漬《しんし》してから小麦に混和して蒸すことも特徴的である。また、小麦も一度精白して、外皮の着色要因物質を除いたものを使用するなど、とにかく工程のすみずみまで着色を警戒する注意が施されている。

　仕込み後三ヶ月を経て、麹が溶けて諸味がやわらかくなり、わずかに発酵してきた時点でもう生引《きびき》をしてしまう。前述した溜醤油と同じく仕込み容器の下部の呑口より汁（白醤油）を分離して、生引白醤油を得るのである。製造期間はたったの三ヶ月、火入れをすると色が着いてしまうのでそれを行わず、さっと仕上げるのが白醤油造りの特徴である。愛知県で主に造られてきたのは、おそらく溜醤油を造るための特殊な桶（得られた醤油を容器の下部に集積できるもの）があったからと、名古屋名物のきしめんの汁《つゆ》に白醤油が必要だったからだろうと私は思っている。

白醤油は色が極端に薄いが甘味が強く、独特の麹香《きくこう》を有している。そのため鍋《なべ》料理や汁も の、麺類の汁《つゆ》などのほか最上品の練《ねり》製品（蒲鉾《かまぼこ》や竹輪《ちくわ》）、煎餅《せんべい》、和洋菓子、漬物などに広く使われているのである。

その他の醤油を見てみよう

まず最近街でよく目にする「減塩醤油」は、昭和四十八年（一九七三年）に栄養改善法第十二条「特別用途食品」の表示の方法が見直され、低ナトリウム食品の標準許可基準に従って製造されたのが始まりで、ナトリウムの含量が通常の醤油の五〇％以下のものでなければならない、とされている。濃口醤油では一六～一八％なので、減塩醤油は八～九％の食塩含有量ということになる。

「うす塩醤油」というものもある。最近、低食塩志向から生まれたもので、ラベルに「うす塩」、「あさ塩」、「あま塩」のいずれかの表示があり、含有されている食塩量が示されている。だいたい一二～一四％の含有量である。

「加工醤油」というのもある。この醤油は近年、飛躍的に伸びてきたもので、その代表が「ポン酢醤油」である。一般的に橙《だいだい》、柚子《ゆず》、カボス、スダチのような香りが高く酸味の強い柑橘《かんきつ》系の搾り汁を「ポン酢」というが、これに醤油や味醂、昆布や鰹節《かつおぶし》の出汁などを加えて調味したものである。鍋料理や焼き魚、サラダその他何にでもかけて美味しくなるというので、今や多くの家庭での常備調味料となっている。

そのような酸味系醤油では「二杯酢」があり、醤油に等量の食酢《しょくず》を加え、出汁や味醂で味を整えたもの、「三杯酢」は醤油に三倍量の食酢を加え、味醂や出汁で味付けしたものである。濃口醤油に鰹節の出汁を合わせ、味醂を加えて熟成させたのが「土佐《とさ》醤油」、濃口醤油と砂糖を一定の割合で合わせ、煮返ししたのを熟成させたのが「かえし」という。

醤油の成分

醤油を構成する成分は極めて複雑だが、JASによる一般成分の分析を試みると表1のようになる。これらの醤油はすべてJASマークの付いた市販品である。

醤油のうま味は、醤油麹に含まれる麹菌のプロテアーゼにより、大豆や小麦のタンパク質が分解されて、食塩水に溶解したうま味をもつアミノ酸による。プロテアーゼによる分解が良好なものほど醤油に含まれる全窒素が多くなり、アミノ酸の含有を示すホルモール窒素が

表1　市販醤油の一般成分

種類	製造方式	等級	ボーメ	食塩	全窒素	ホルモール窒素	還元糖	アルコール	酸度		pH	無塩可溶性固形分	色度
									I	II			
濃口	本醸造	特級	21.18	16.70	1.59	0.89	2.82	2.15	11.22	9.10	4.74	18.7	11
濃口	本醸造	特級（特選）	21.97	16.69	1.68	0.93	3.83	2.56	12.22	10.00	4.73	20.7	11
濃口	本醸造	特級（超特選）	22.34	15.90	1.94	1.12	3.75	2.33	16.35	12.67	4.66	22.7	11
濃口	本醸造	特級（うす塩）	18.34	13.08	1.52	0.88	2.97	3.22	12.43	9.70	4.67	19.2	11
濃口	本醸造	特級（減塩）	14.97	6.89	1.58	0.84	3.04	4.74	16.10	9.82	4.56	23.5	7
濃口	本醸造	上級	21.06	17.36	1.37	0.77	3.53	2.42	9.73	8.13	4.72	17.1	11
濃口	混合	標準	20.60	16.72	1.24	0.74	1.59	0.58	10.94	7.30	4.67	15.1	5
淡口	本醸造	特級	22.05	19.16	1.18	0.69	5.23	2.30	8.32	6.62	4.69	15.5	37
溜	本醸造	特級	22.65	17.14	1.87	1.11	3.49	2.14	12.04	12.08	4.90	21.2	3
再仕込	本醸造	特級	27.75	13.75	2.13	0.97	9.35	3.21	20.58	16.59	4.61	37.9	2以下
白	本醸造	特級	24.26	18.01	0.58	0.36	15.19	0.90	4.55	3.03	4.62	19.8	53

（分析：日本醬油技術センター）

多くなる。ボーメはボーメ計による測定値で比重を表わし、無塩可溶性固形分は食塩以外の醤油成分の量を示している。色度は醤油標準色による番号で色の濃さを表わしたもので、番号の小さいほど濃い色を示している。

ＪＡＳマークが付いたこれらの市販醤油は、分析の結果ＪＡＳに適合していることが確認できる。例えば濃口醤油では、全窒素が特級一・五〇％以上、上級一・三五％以上、標準一・二〇％以上で、無塩可溶性固形分は特級一六％以上、上級一四％以上、色度が特級、上級、標準とも一八番未満と規定されている。醤油

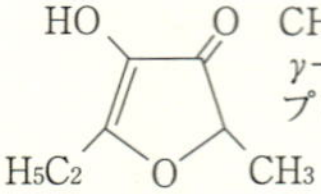

$CH_3SCH_2CH_2CH_2OH$
γ-メチルメルカプトプロピルアルコール

4-ヒドロキシ-2-エチル-5-メチル-3(2*H*)-フラノン

図13　醤油の匂いを特徴づける２成分

の窒素成分は、原料全量を醤油麹とし食塩水に仕込むため、麹菌のプロテアーゼによる分解が十分に行われることから、原料タンパク質は若干の低級ペプチドはあるもののほとんどがアミノ酸にまで分解されている。濃口醤油のアミノ酸では、強いうま味を持つグルタミン酸が一・二%と多く含まれている。また、醤油中の糖類は、醤油原料の小麦のデンプンが麹菌のアミラーゼにより分解されてほとんどがブドウ糖になっている。このブドウ糖は乳酸発酵やアルコール発酵により消費されるので、製品の濃口醤油では四〜二%程度まで減少する。他の単糖類やオリゴ糖の含量も少ない。醤油中の有機酸の大半は、耐塩性醤油乳酸菌の発酵によって生産された乳酸である。醤油中に存在する香気成分は、アルコール類、有機酸類、エステル類、カルボニル化合物類など四〇〇成分以上確認されている。その中で醤油の匂いを決定づける香気成分が二種確認されていて、いずれも発酵中に微生物の生体内物質転換作用により生成されることがわかっている。醤油の色は、種類によって異なるが、濃口醤油は赤橙色で澄んでいる。その色の本体は醤油中のアミノ酸と糖が反応してできたメラニン色素が大半である。醤油の異名に「紫《むらさき》」があるが、この語源あるいは由来については詳しくわかっていない。発生は関東の野田あたりではないかと見られている。高貴な色である江戸紫にあやかり、醤油も調味料の王者であり、その色沢から、また値も高値だったことから、いつのまにか「紫」になったのではないかと考えられている。

4　日本の魚醤

魚醤の概要と歴史

日本の発酵調味料で最も古いものと推測されるのは、魚介類を塩とともに漬け込んで発酵させる魚醤である。縄文時代晩期にはすでに土器製塩跡が海岸地域で見つかっており、海の近くでは魚はいつでも獲れるからである。塩に魚を漬けて保存すると、塩の浸透圧の力で魚から多量の体液が出てくる。古代人は、その美味しく、そして貴重な塩分を含んだ滲出液を捨てるはずなどなく、当然、さまざまなものに付けて食べたのであろう。つまりその滲出液こそ今日の魚醤なのである。

魚醤は、「醤《ひしお》」の時代まで遡れば、文字で登場するのは奈良時代以前である。したがって実に古い発酵食品であるが、一般的には「魚醤油」と呼ばれているのにJASでは醤油に当たらない。私にはそのあたりがどうにもよく理解できないのであるが、しかし今日、魚醤は第三の天然発酵調味料と呼ばれて多くの食品加工業界や料理人から注目を浴び、生産がどんどんと増えてきている現状に鑑《かんが》み、ここで取り上げることにする。

醬油のルーツは「醬」であることはすでに前述した。これは魚肉、野菜、穀物などに塩を加えて発酵させながら蓄えたものである。醬には、「魚醬《うおびしお》」「肉醬《ししびしお》」「草醬《くさびしお》」「穀醬《こくびしお》」の四種類があり、弥生時代から大和《やまと》時代にかけてすでに造られていた。その最初については諸説あるが、その中で日本における魚醬の古い文献は平安中期の漢和辞典『和名類聚抄《わみょうるいじゅしょう》』（九三一～九三八年）で、そこに出てくる魚醬に関する内容が、中国にあったさらに古い文献に書かれていることとよく似ているので、おそらく最初の魚醬は中国から伝わったものと考えられていた。しかし、最近では、魚を多く捕らえることができ、そのうえ、縄文土器製塩跡が全国のあちこちで発見されて以来、四方を海に囲まれて塩の確保が容易であった日本では、縄文時代にすでに魚醬のようなものはあったのではないか、という学説が根強く支持されはじめた。とにかくそのように古い時代からの発酵調味料なのである。

魚醬は魚醬油ともいい、醬油の原料に魚介類を使用するのでその原料には、小型の魚やイカ（あるいはそれらの内臓）、エビなどが用いられる。これらに食塩などを加え、魚肉や内臓の自己消化酵素（プロテアーゼ）の作用により、魚肉タンパク質がアミノ酸に分解されて醬油となる。また仕込み時に麴を加えて、その麴の持つプロテアーゼでタンパク質を分解し、うま味成分のアミノ酸を生成する魚醤もある。高い食塩濃度と嫌気《けんき》的条件のため微生物の動きは制限されるが、耐塩性菌が香気形成やうま味の生成にも関与している。魚食民族でもある日本人は、昔から魚の利用が得意で、魚醤も全国各地で造られていた。

大正二年（一九一三年）刊行の『日本水産製品誌』には、この時代における全国の水産加工食品が網羅されている。そこには江戸時代の文献にも記録された魚醤油が多く紹介されていて、讃岐国と下総国の玉筋魚《いかなご》醤油、能登国（石川県）と石見国《いわみのくに》（島根県）の鰯《いわし》醤油、生産地の記載のない鯷《ひしこ》醤油、山陰と北陸の漁村で製造するという鯖腸《さばわた》醤油、能登国を発生地として、佐渡でも製造するようになったという烏賊腸《いかわた》醤油がある。そこに述べられている魚醤油のなかには現存していないものもあるが、とにかく昔は日本全国で魚醤が造られ、食べられていたことがわかる。

以下に、現在も造られていて今日の日本を代表する魚醤について述べることにする。

現存する日本の代表的魚醤

○しょっつる（塩汁、塩魚汁）

しょっつるは塩汁あるいは塩魚汁の呼び方がなまったものといわれる。魚を塩で漬け込んで発酵させたもので、大昔から造られてきた魚の「醬《ひしお》」である。特に秋田人が昔から「しょっつる」と呼んでいたので秋田だけのものと思う人も多いが、魚の醬は全国的に古くから造られてきたわけだから、この種の発酵調味料は各地にある。明治の初めごろは、今の秋田市の新谷《あらや》や浜田《はまだ》の漁師家では塩田を持つところもあり、製塩を行いながら大量に水揚げされたイワシやハタハタ、小アジなどを塩蔵していた。その一部をそのまま長期間保存していたら、それが潮解《ちょうかい》と発酵を起こし、搾ったものを調味料として使ったところ、これがたいそう美味であったことから製品化したという。それを知って、秋田周辺の海岸地域の多くの家庭でもしょっつるを自家製造して利用していた。今から五〇年前には、家庭で造ることはほとんどなくなって、今日ではいくつかの小規模な業者が製造販売しているのみである。

原料魚としてはハタハタのイメージが定着しているが、古くはマイワシも使用しており、現在はさまざまな小魚を利用している。漁獲量が少なくなり、高価となったハタハタだけでなく、マイワシ、カタクチイワシ、小アジ、コウナゴなども原料魚として使い、単独あるいは混合で使用しているのである。

しょっつるの製造法は、もともと自家製造が主で、販売を目的とした大規模な製造はあまりされていなかったため、それぞれ細かいところで異なる。

ハタハタを原料とする場合、頭部・内臓・尾を除去し、洗浄後、一昼夜放置して水切りをする。魚体処理をする以前のハタハタ一〇キログラムに対し食塩二キログラム（二〇％）、

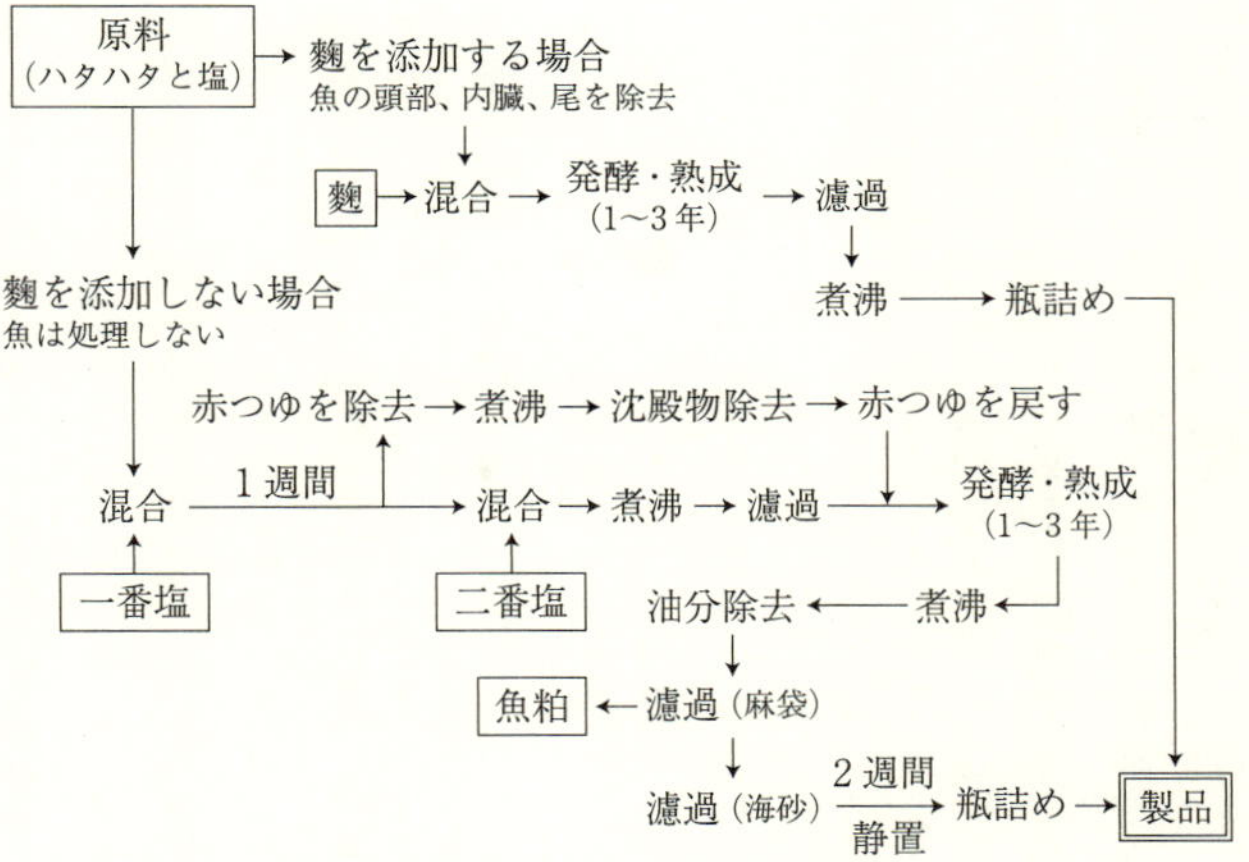

図14　しょっつるの製造工程

麹一～二キログラムを混合し、木製の桶に入れ、内蓋《うちぶた》をした上に重石《おもし》をのせ、冷暗所に一～三年間置いて発酵・液化、熟成させる。熟成後、布に入れて濾過《ろか》した液体を煮沸、殺菌後、瓶詰めして製品とする。マイワシを原料とする場合は、頭部・内臓・尾を除去することなく全体を漬け込む。発酵・熟成期間は一年間である。

　麹を添加する理由は、風味をよくするためと発酵を促進させるためであるが、麹を添加しない業者もある。その場合は原料魚を姿のまま二〇%程度の塩をし（一番塩）、一週間タンクか桶に入れておく。このとき、魚肉から「赤つゆ」と称する血液の混ざった滲出液が出る。これがとても生臭く、製品の食味低下の原因になるので、「赤つゆ」を容器から一度汲み出して煮沸を行い、沈澱物を取り除く。魚体に再び塩をし（二番塩）、煮沸、濾過して「赤つゆ」を桶に戻す。桶に木製の内蓋をし、重石をのせて一年以上、長くて三年程度置く。発酵・熟成が終了したら、桶の上部から液体と分解せずに残った魚体を汲み上げて大釜で煮沸する。このとき釜の上に浮いた油脂分をひしゃくなどで取り除く。この後液を麻袋に入れて濾し、さらに砂の層を通過させて濾過する。すると透明な黄金色をした液体が得られる。これがしょっつるである。これを二週間程度静置して瓶詰めし、出荷する。

最も代表的な食べ方は「しょっつる貝焼き」や「しょっつる鍋」である。材料は、ハタハタ、タラ、タイ、イカ、白魚、エビ、コイ、フナなど白身の魚介に、鶏肉、野菜（白菜、セリなど何でもよい）、キノコ、豆腐などを大型のホタテの殻か鍋に入れ、そこに調味料としてしょっつるを加えて煮て食べるのである。

○いしる

「いしる」は石川県能登半島を中心に奈良時代あたりから造られているのではないか、と考えられている歴史のある発酵調味料である。現在の能登半島でのいしるの生産地は、輪島《わじま》など奥能登地方に限定される。名称は産地によって異なり、いしるのほか、よしり、よしるとも呼ばれ、魚汁《うおじる》がなまったものともいわれている。

昭和三十年（一九五五年）ごろまでは、奥能登地方の漁村では自家消費用のいしるを製造していたが、現在では自家製いしるはほとんどなくなり、奥能登地方の十数軒の水産加工業者が他の水産加工品とともに製造しているのみである。

原料はスルメイカの肝臓、マイワシ、ウルメイワシ、マサバ、アジなどが使用される。このうち、イワシのいしるを例にすると、まず、頭・内臓をつけたままのマイワシやウルメイワシをぶつ切りにし、食塩を混ぜる。食塩の量は二四％以上になるようにする。それ以下の塩分濃度では最終製品の色が濁り、悪臭がする。仕込みには塩のほかに風味を増すため、ごく少量の麴と酒粕《さけかす》を加える場合もある。これらを混合して桶に入れ、約八〜九ヶ月発酵・液化、熟成させたのち煮沸して、メッシュの異なる布により三度濾過する。この濾過したものがいしるで、火入れをしてから瓶詰めし、出荷する。いしるの生産量は年間二〇キロリットル程度といわれるが、最近はいしるのよさが広く知られてきたため年々増えてきている。

イカの内臓の場合は、十二月から翌年三月にかけて漁獲されたスルメイカで、スルメを製造する際に副産する内臓を原料とする。

まず内臓重量に対して約三〇％の食塩で塩漬けにする。桶は長桶と称して高さ一・五メートル、径一メートルくらいの大きさの桶であるが、原料が多量に集荷される場合はさらに大きな桶が使用されることもある。日時が経過するにともない発酵していき、内臓タンパク質

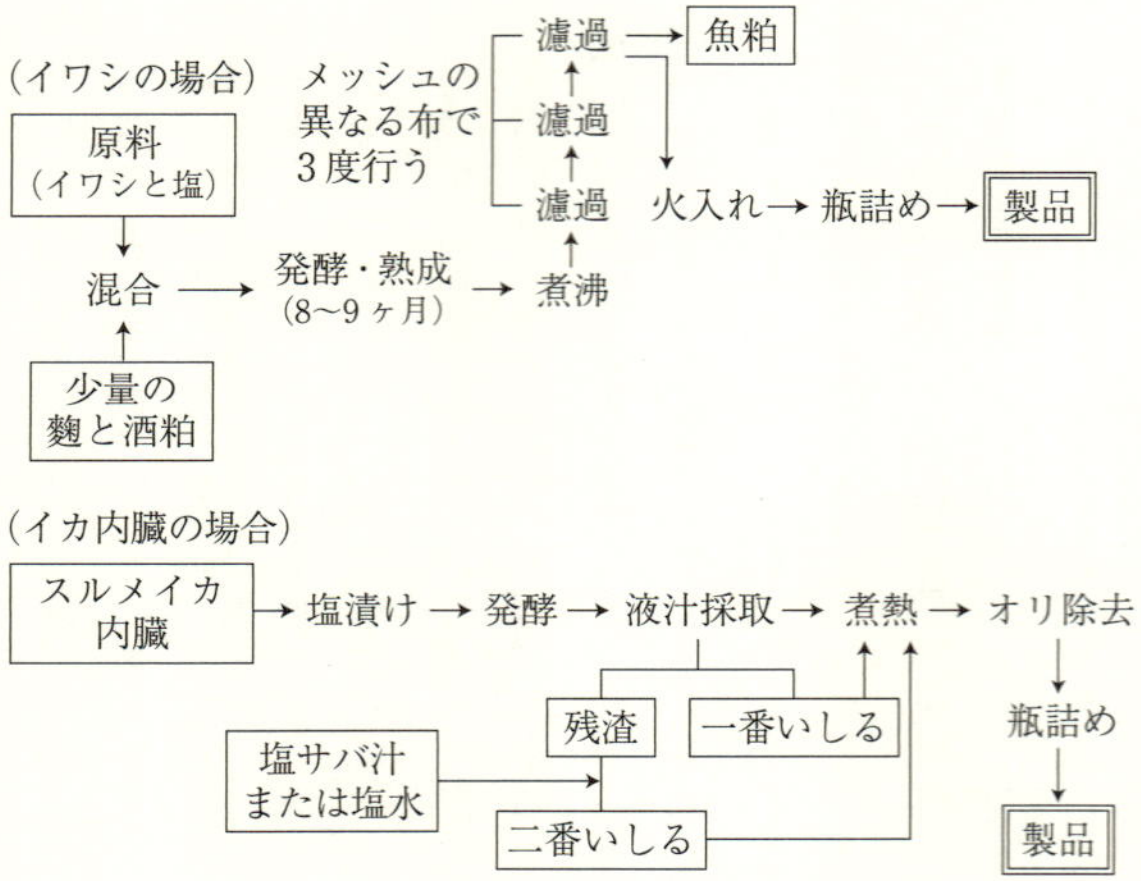

図15　いしるの製造工程

が分解し、いしるが底に溜まる。桶底に溜まった液汁は八月下旬から九月にかけて採取する。これは桶底に穴をあけて、静かに液を流し出し、不純物を除去する。この液汁を釜に入れて煮沸すると、表面に黒色または黒灰色の泡を含んだ滓《おり》が浮き上がる。これを静かに取り除き、三〇分から一時間煮沸後、別の桶に移して静置すると不純物が沈澱する。この上澄液のみ採取する。この液を一番いしると称している。一番いしるを採取した内臓の残《ざん》渣《さ》に、塩サバ製造の際に生じる塩汁または塩水を混入して、二〇〜三〇日間放置したのち、前記方法により採取した液汁を二番いしると称している。この一番いしるは高級品、二番いしるは並級品となる。

　いしるは刺身のつけ醤油や焼き魚の調味料

として、さらには鍋ものの煮汁として愛好されている。うま味成分が驚くほど多いので、漬物への添加や干物の味付けにも適している。

○その他の魚醬

いかなご醬油は、香川県や岡山県で造られている魚醬油である。現在、商業的な製造はほとんどされていない。いかなご醬油は、大豆醬油の代用としてつけ醬油や野菜の煮付けに用いられた。大豆醬油を自由に入手することが困難であった第二次世界大戦期と、その後の食糧不足の時代の統制経済下で、いかなご醬油の製造が盛んとなった。しかし昭和三十年代になると、大豆醬油が増加し、いかなご醬油の製造が減少した。原料は四〜六月に漁獲されるイカナゴを用いる。ところが最近、地元の人たちの努力によって復活し、生産が再び行われ出した。魚醬特有の匂いと強いうま味が、さまざまな料理に合うというので、人気が高くなっている。

鮎醬油は全国の多くの地域で復活する形で造られるようになったが、中でも大分県日田《ひた》市の醬油製造会社の造るものは全国的に有名である。ほかに四国の「蛤《はまぐり》醬油」、関東の「浅蜊《あさり》醬油」、広島の「牡蠣《かき》醬油」などもよく知られた魚醬である。

日本におけるこれらの魚醬の利用は、大概が鍋料理などへの調味で、秋田名物のしょっつる鍋や貝焼きなどには「塩魚汁」は不可欠であるし、魚醬を持つ地域には、それに合った鍋料理が必ずと言ってよいほどある。また、最近では、日本の伝統的な漬物の隠し味として、漬け込みのときに加えられることが多くなった。とくに白菜漬けや和製キムチには多く使われ、また魚卵や切り昆布などを混ぜ合わせた宝漬けや松前漬《まつまえづ》けにも使われている。

このところエスニック料理が人気になっているが、ここでも魚醬は特有の味をつける調味料として重要な役割を果たしている。数年前、若い人たちの間に大流行したモツ鍋も、魚醬のうま味があってこそ人気が高まったといわれており、実はこのとき、日本の魚醬はすべて底をついてしまい、海外からの輸入品でまかなったというエピソードも残っている。

進化する魚醬

これまで述べてきたように、日本では伝統的に魚醬が生産されてきた。しかし、現代の日本では、その独特の臭気や生臭みが敬遠されることも多い。また、高食塩濃度であるため製造に長時間を要し、一定の品質を維持できない点なども魚醬の難点として挙げられている。

このような問題を解決するため、新たな魚醬油製造法の開発が北海道石狩《いしかり》市で行われた。その方法とは、鮭肉または鮭肉加工残渣を主原料とし、これらに醬油麴（大豆・小麦）と食塩を加え、高温で原料を強制的に分解後、あらかじめ培養した耐塩性乳酸菌と耐塩性酵母の培養液を加え、熟成発酵させるものである。

この製造法で製造した鮭醤油の製造工程を図16に示す。

この製造法の最大の特徴は、以下の四点である。
① 微生物の利用により生臭みを抑えることができ、大豆醤油同様の芳香とアミノ酸を多く含むことから強いうま味を併せ持っている。
② あらかじめ培養しておいた耐塩性発酵菌を加える点。
③ 魚醤油完成までに少なくとも一年かかるところを四～五ヶ月と短期間で製造できる。
④ 魚肉原料として加工残渣が利用可能なため、コストが低下し、環境によい。
このようにすることで、これまでの魚醤油製造における欠点を解決し、現代の日本人の嗜好に合うようにした。

その造り方は、新鮮な魚介原料に重量比一五～三〇％相当の食塩と麹を混合しながら容器に漬け込み、摂氏五〇～五五度を加温維持し、耐塩性乳酸菌と酵母を添加し、その後は発酵温度帯で三〇～九〇日間、発酵熟成、攪拌する。その後、麻袋などの濾袋《こしぶくろ》を使用して濾過し、九〇～一八〇日間静置し、再度、熟成、澱《おり》引《び》きを行い塩熟《しおな》れさせる。

次に火入れ処理摂氏九〇度で三〇分以上を条件に処理後、珪藻土《けいそうど》などの濾過助剤を使用してさらに濾過処理をし、瓶詰めして製品となる。

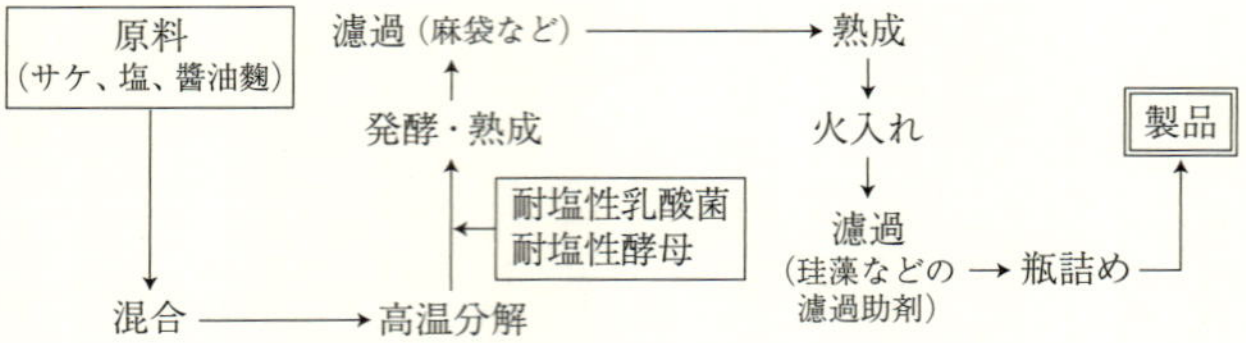

図16　鮭醤油の製造工程

魚介類の内臓中に含まれるタンパク質分解酵素を中心とする自己消化酵素群や、熟成中に繁殖した微生物の産出する酵素群の作用によって魚介類のタンパク質が徐々に分解されてアミノ酸や低分子のペプチドが生成し、濃厚なうま味を持つ調味液となる。

鮭醤油の原料はサケの内臓、食塩、麹であるが、良質の魚醤油を造るためには魚介原料の鮮度が最も重要である。鮮度の悪くなったものや腐敗細菌に汚染された原料を使用すると、香りや味が悪くなり、アミンなどの成分が増加する。またこのほかの魚介類原料としては、ハタハタ、アジ、イワシ、サケ、サバなどの小魚やエビ、アミ、イカの内臓、イカナゴ、カキ、ハマグリなどから造ることができる。

原料は水でよく洗い、汚染物質や魚体表面の粘液物質をできるだけ除去しておくことが重要である。特に粘液物質は粘質多糖を含むので、熟成過程で苦味を生成する原因となる。

食塩は魚醤油に塩を付与するとともに熟成中の腐敗を防止し、かつ製品に保存性を与える。食塩は水分含量が少なく、塩化ナトリウム含量が高く苦汁《にがり》の少ないものがよい。一般に二～三等程度のものが使用される。

麹は魚醬油の生臭みを抑えるとともに最終の味に大きく影響する。大豆・小麦を使った醬油麹や米麹、焼酎麹など種類はさまざまだが、種類によって分解率・味・色・風味などが違う。また麹中に含まれる糖源が熟成中増加する酵母菌によってアルコール類・有機酸に変え

表2　市販魚醬油の一般成分

	いしる（イワシ）	しょっつる	鮭醬油
全窒素（g/100mg）	2.10	1.45	2.31
塩分（g/100mg）	26.6	26.2	16.0
pH	5.10	5.56	4.80
比重	1.22	痕跡	1.16

表3　市販魚醬油の有機酸組成

	いしる（イワシ）	しょっつる	鮭醬油
コハク酸	15	痕跡	14.9
乳酸	1159	87.6	1915
酢酸	54	33.2	92

（単位：mg/mℓ）

表4　市販魚醬油の遊離アミノ酸組成

	いしる（イワシ）	しょっつる	鮭醬油
アスパラギン酸	874	460	660
スレオニン	572	563	300
セリン	553	557	390
アスパラギン	痕跡	190	痕跡
グルタミン酸	1044	1167	1270
プロリン	280	320	460
グリシン	420	391	600
アラニン	787	826	430
バリン	660	595	350
シスチン	痕跡	48	50
メチオニン	266	241	140
イソロイシン	418	368	260
ロイシン	544	548	430
チロシン	154	92	70
フェニルアラニン	344	353	220
トリプトファン	105	痕跡	40
リジン	1113	1080	590
ヒスチジン	460	162	180
アルギニン	513	859	90

（単位：mg/mℓ）
（『発酵食品学』より）

られ、香味の向上にも有効となるのであろう。また魚醤油は食塩濃度が高いので保存性はよく問題ないが、食塩濃度が低いものやpH《ペーハー》が高い（アルカリ性が強い）ものは保存性が低くなるので、できるだけ冷所に保存するのがよいであろう。

鮭醤油と、既存の市販醤油とを比較した分析表をここに示した。得られた鮭醤油は、不快な臭気などまったくなく極めて美味であったのは、添加した耐塩性発酵菌のためだと思われる。

この鮭醤油は現在、石狩市親船町《おやふねちょう》で佐藤《さとう》水産株式会社が企業規模で生産し、魚醤そのものだけでなく、これをベースにした鮭醤油ポン酢、鮭醤油ラーメン（石狩ラーメン）、鮭醤油ドレッシングなども造られて発売し、好評を博している。なお、搾った後の残渣は家畜肥料の一部や畑のミネラル肥料などに使っていて、鮭の内臓すべてが完全使用されている。

5 日本人の醤油観

もしも日本に醤油がなかったら、魚の刺身も鮨も、鰻も天麩羅《てんぷら》も、蕎麦《そば》も饂飩《うどん》も納豆も、煮物も焼きものも鍋ものも、何もかも美味しく食べられず、うんざりの毎日だったに違いない。しかしこうして、日本人の味方は昔からちゃんと私たちの脇に添うようにして歩んできたのであるから、まったく有難いことである。

よく海外に行って、その旅が少々長びくか否かなど関係なく、つまり日本を離れて外国の土に足を付けたとたん、もう日本の料理が恋しくなり、食べたくなり、早く帰りたくなる。その原点に潜んでいるものは何か、と考えたことがあって、帰国したら何から食ってやろうかと遡ると、まず刺身と鮨、その次に汁掛けの天麩羅蕎麦、そして納豆餅《もち》（これ大好き）、鰻《うな》丼《どん》、海苔《のり》と生卵と漬物の朝ご飯あたりだ。すべて醬油なしではつくれないものばかりで、やはり私は日本人だとつくづく思う。これらの食べものへの嗜好は、きっと多くの日本人に共通しているものなのだろうと考えると、きっとこの民族のDNAには、醬油の味と香りがしっかりとまとわり付いているのだろう、と推測したくなってくる。

この日本人の、醬《ひしお》あるいは醬油に寄せる思いは大昔からあって、それは飛鳥《あすか》時代まで遡る。すでに述べたように、大化改新《たいかのかいしん》を経て五六年後、大宝元年（七〇一年）文武《もんむ》天皇によって「大宝律令」が制定され、その律令の中に、宮中に大膳職《おおかしわでのつかさ》が設けられ、その下に醬を司る「醬院《ひしおつかさ》」が置かれたのである。

この醬院では何をするかというと、数々の醬、すなわち肉醬《ししびしお》、魚醬《うおびしお》、穀醬《こくびしお》、草醬《くさびしお》、未《み》醬《しょう》、醢菹《かいそ》（塩辛）などを造ったり保管したりするのである。

図17　高家神社

いかに醤を重要視していたかがうかがえるが、さらに天平宝字元年《てんぴょうほうじ》（七五七年）に施行された「養老《ようろう》律令」では、醤院は正式に大膳職から離れて別院として独立する。そしてその醤院には、初代の大膳大夫であった磐鹿《いわか》六雁命《むつかりのみこと》が高倍神《たかべのかみ》として祀《まつ》られたのである。

したがって今日でも、この高倍神は料理の神様、醤油の神様として、磐鹿六雁命縁故《ゆかり》の地である千葉県安房《あわ》郡千倉《ちくら》（今の南房総《みなみぼうそう》市千倉町）に高家《たかべ》神社として祀られていて、ここには「高家神社祭神磐鹿六雁命尊像」の御札がある。とにかく醤油の神様まで祀った日本人の醤油観は奥が深い。

今は少なくなったが、全国の醤油屋は、造りの時期が近づくと、この高家神社に参拝に詣で、醸造中の安全と、そして美味しい醤油を醸せるようにと祈願したのである。

「世を捨てて山に入《い》るとも味噌醤油酒の通《かよ》ひ路《じ》無くてかなはじ」（大田《おおた》蜀山人《しょくさんじん》）。「味噌醤油酒といふもの無かりせばいかにこの世は淋《さび》しかるらん」（住江金之《すみのえきんし》）。この二つの狂歌には、日本の酒と調味料に憧れ続けてきた日本民族の心が宿っている。生まれてすぐから醬油の味を覚え、その味覚に育てられ、生涯をともにしてきた、体の一部のような存在だから、これがなければ生きる楽しみも半減してしまうというものである。

面白い記事がある。平成十四年（二〇〇二年）六月十五日の朝日新聞に掲載されたもので、その内容は、同月にカナダで開催されたG８外相会合閉幕後の記者会見で、川口順子《かわぐちよりこ》外相が中東和平プロセスでの日本の役割を「すしのしょうゆ」にたとえ、「しょうゆがあって完璧になる」と日本の存在感をアピールし、また、このウイットに富んだ発言で会場の笑いをさそった。「しょうゆ」は今や日本を代表する味として、世界的に認知されていることがわかるエピソードである。

また、大塚滋《おおつかしげる》博士の『味の文化史』（朝日新聞社刊、一九九〇年）の中に「万延《まんえん》元年のサムライたち」なる文章があり、醬油賛歌の最たる一文だと私は思うので味わって欲しい。

万延元年にアメリカに渡った最初の使節の帰りの船旅は悲壮で暗澹《あんたん》たるものだったらしい。醬油と味噌がなくなったからだ。

あと十数日を残すあたりで、「醬油煮物は今日より見合わす」事態となった。

「されば打寄っては食物の話となり、故郷に帰りての楽しみは味噌汁と香の物にて心地《ここち》よく食せんことをと言へり」（村垣淡路守《むらがきあわじのかみ》）。一応の任務を終えながら、帰途は意気上がらず、味噌や醤油に恋い焦がれて身も世もない風情のサムライたち。

味噌と醤油への愛着は食の洋風化が進んだとされる現在の私たちも少しも変わらない。江戸の狂歌師蜀山人の「世を捨てて山に入るとも味噌醤油酒のかよひ路なくてかなはじ」に、私たちは抵抗を感じない。山に入るならまず大切なのは食糧の確保であって、調味料や酒は二の次のはずであるにもかかわらずである。

昔と違っているのは、今は醤油の方も海外に進出したので、外国へ出ても万延のサムライたちのように醤油に恋い焦がれないでもよくなったことぐらいだ。

ソース類、ことに醤油や味噌のような発酵調味料は、その国の味、あるいは民族の味覚となっていることが多い。それらはそれぞれの民族にとって、いつもは何げなく使っているのに、なくなると生きた心地がしなくなるという意味で、水や空気に似ている。

日頃から敬愛している漫画家の東海林《しょうじ》さだおさんの作品の中で、日本人が共通して抱く醤油への憧れ、あるいは願望の心をまとめて表現してくれたようなものが次の「醤油の威力」という文章である（『某飲某食デパ地下絢日記』毎日新聞社刊、一九九九年）。

エート、こういう例はどうでしょうか。
来客があってお寿司を取ったらお醤油を切らしていた。
お寿司は特上で、大きな寿司桶に入った六人前。
近所にコンビニはなし、借りて来ようにも、向こう三軒両隣り全部留守。
絶体絶命、万事休す。
六人は大きな寿司桶をのぞきこんではため息をつく。
マグロの握りを口のところまで持っていって、口を大きく開けてはまた元へ戻す。
醤油の威力、醤油の実力をつくづく思いしらされるのはこういうときだ。

そして、何と言っても名文かつ醤油賛歌の最上たるものは、私が知る限り、入江相政《いりえすけまさ》元宮内庁侍従長の「醤油に思う」（『楽しみは尽きず　入江相政随筆選Ⅲ』朝日新聞社刊、一九九七年）である。

漬物に醤油をかけるほどおろかなことはない。かけてわるいとはいい切らないが、もしかけるにしても、少なくとも食べる本人にかけさせてもらいたいということ。逃げ場もないほどだぶだぶにぶっかけて、「はいお新香」なんて冗談じゃあないよ。

千枚漬の初春の香、「すぐき」の早春のにおい、そこはかとなき京のあわれを、身にしみじみと味わおうとなら、醬油なんか一切かけてはならない。もしかけるにしても、ほんのちょっぴり、ちょっと「しぶき」がふりかかったという程度にとどめなければ。そうしてきっすいの漬物そのものの風味を楽しまなければならないのである。

（中略）

こう書き進むと、なんとなく醬油が親のかたきか何かのように聞えてくる。醬油屋さんのお礼参りを恐れるからいうのではないが、もともと醬油の味がきらいなわけではない。きらいどころかむしろ好きなほうだろう。

私が醬油を好むのは、漬物の味を生かそうとしての、すしの味を助けようとしての醬油ではない。そういうワキ役としての醬油はあんまり認めないが、シテとしての醬油には最高の敬意を払う。

炊きたての銀飯、およそ世の中にこんな馥郁《ふくいく》としたものはない。このごろの若い人は、米の飯をあまり食べなくなった。私は、オートミールでも、コンフレイクスでも、パンでもそばでも、なにひとつとして嫌いなものはないが、これは食おうとすればいつでも白米が食えるという、余裕をふまえての道楽ごころなので、もし明朝死刑ときまったとしたら、この世の最後の晩飯には、やっぱり白米をと願い出るにきまっている。

白米はなにといっしょに食ってもうまい、白米だけでも文句なく食えるが、そこへほんのうっすり醤油のついたもの、これがこの世の最高の味。

海苔のいいのがなくなってしまった。その昔いい海苔のとれた場所は、どんどん埋め立てられて重工業の工場になってしまったが、昔まだすぐれた海苔が世の中にあったころのこと。よく焼いて醤油をつけて銀飯の上にのせる。はしで軽く巻いて口へ。うまいのはあたり前。これだけならわざわざ書き立てるでもないが、海苔で巻いた飯を食べたあと、今の海苔から少しはみ出た部分が、銀飯の上に醤油を一刷毛《ひとはけ》はいた形になっている。

真白な光るような飯の一粒一粒。その谷間は白いまんま残り、出っぱったところだけが焦げ茶色に掃かれて、そういうほんの少しの飯粒のかたまりを、はしでつまんでまた口へ。炊きたての飯のにおいに、ほのぼのと立ちのぼる醤油の香り、これが醤油の味の最高でなければならない。海苔からにじみ出たかすのような趣でありながら、どうしてかすどころか、自主独往の醤油そのものの味は、むしろ白米をワキに使っているじゃあないか。

これが漬物の場合にもいえることで、漬かり加減の白菜にほんのちょっぴり醤油をつけ、それを白米の上でこすって、したがって醤油気のほとんどなくなった白菜を口に入れる。そのあとで白米の上にかすかにつけられた醬油の味を楽しむ。私にとって醬油が典雅に思えるのはこのとき。

洋食でソースをやたらにぶっかけるのは料理人に対して非礼だし、第一正式の晩餐《ばんさん》に、びん入りのソースなんか出るはずもない。われわれは料理人の心を思ってやたらにはふりそそがないから、その代り給仕人も、人の都合をきかずに、醬油をなみなみと、ぶっかけて得々としているような、そんな情知《なさけし》らずをやめにしてもらわなければならない。

最後に私の醬油賛歌をおひとつ。

私のように、「味覚人飛行物体」と諢名《あだな》されるほどの食の〝達人〟ともなりますと、常に頭の中の大脳には食に係《かか》わる集積センターと申しますか分析装置のようなものがございまして、たちまちのうちにデータ処理をしてしまいます。

そして、そのときもじつにいい発想が湧きあがってきたのであります。それは、納豆に醬油をかけるのではない。醬油の中に納豆を入れてしまおうというもので、まあ、逆転の発想とでも申しますか、奇才の考えそうなことであります。

ではそのつくり方ですが、醬油一リットルをボールのようなものにあけ、そこに納豆五包（大粒がよい。叩かないで丸のままがよい）をドボドボドボと入れるのであります。そしてそれを箸《はし》のようなものでざっと何回かかき混ぜ、そこに板昆布を一センチ四方の大きさに切ったものを二〇～二五枚ぐらい入れます。さらにそこにニンニクの小片を五個ぐらい、ぶつ切りにして加え、醤油の入っていた二リットルのペットボトルに入れ直して出来上がりです。

一日一回ぐらいボトルをカパカパカパと振り、五日目ぐらいから使って下さい。この醤油、いったいどんなものに使うのかといいますと（さまざまなものに試した）、刺身醤油、とりわけカツオの刺身やたたきに抜群で、マグロのぶつ切りあたりにもうれしいものでした。さらにマグロの山かけや生卵かけご飯のときの醤油にしてもよろしい。

それと、非常によく合うのは白菜、野沢菜、広島菜、高菜といったいわゆる菜っ葉の漬け物にもすばらしいのです。たとえば白菜漬けを小皿にとりこの醤油を滴らすと、醤油の注ぎ口からは、タラーリと糸を引きながら醤油が出てまいります。この粘性物はもちろん納豆に由来したものと、昆布から出てきたものであります。その糸引き醤油のかかった菜漬けで白い飯を巻くようにして食べてごらんなさいませ。これはもうじつに美味でありますので、他になんのおかずも必要なく、パリパリモグモグの連発でございます。

この納豆醤油、納豆の匂いがちょうどよろしい具合についていまして、そこにニンニクの芳香も加勢するものですから食欲を湧かせてくれるのであります。そして、味では、醤油のうま味にさらに納豆の奥の深い味がつくものですからもうどうにも止まらない。温かい飯に、この納豆醤油をかけただけで、飯は何杯でも食べられてしまうのであります。

こうして毎日この納豆醤油を楽しみますと、最後にボトルの底には納豆を構成していました大豆、やや柔らかくなりました板昆布、それにニンニク小片のぶつ切りが残ります。

それまで納豆であった大豆は、ヌラヌラがかなり取れて裸の王様のようになっています。ところが、ところがです。この底に残った三品はまことにすばらしいものになり変わっておりますので、捨ててしまうなどということはいけません。この納豆醤油の楽しみを半分放棄してしまうほどのことになりますので決して捨てないで下さい。

この三品は納豆醤油のうま味をすべて、完璧に吸い込んでいますので貴重なのです。納豆大豆はよく叩き、板昆布は細く千切りに刻み、ニンニクも細かく刻んでそれらを混ぜ合わせます。

そして丼に熱い飯を七分目ぐらい盛り、この三種混合をその上に撒《ま》いてから、熱湯をぶっかけて湯漬けで食らうのです。するとその美味のために、あっ、という間の出来事のように、丼と箸以外は胃袋にすっ飛んで入って行ってしまいます。

また、この混ぜ合わせたものを握り飯の中に入れて楽しむのもよく、さらに粥《かゆ》の上にのせて味わうのも絶妙でありますから、どうぞ好きなように使ってみて下さいませ。

とにかくこのように、納豆醤油は使い途《みち》が広いのでありますから、人生の中における食体験のひとつとして、ぜひともお試しなされますようおすすめ申し上げます。使用されます納豆の量やニンニクの数は、お好みに合わせて行って下さい。

（「納豆醤油」、『納豆の快楽』講談社刊、二〇〇〇年より）

6　醤油の現状とこれから

日本の食卓では、昔は醤油さえあればすべての料理はまかなえたし、おかずに醤油を注《つ》げばなんでも美味しくご飯が食べられた。しかし、食生活が洋式化すると、外来調味料としてソースやケチャップ、ドレッシングなどが次々に現われてきて、醤油の消費量は少しずつだが漸減の兆《きざし》を示している。したがって醤油を生産する工場の数も、平成元年（一九八九年）

表5　醤油製造の企業（工場）数

1989年	2,307
1992年	2,120
1995年	1,883
1999年	1,766
2000年	1,611
2001年	1,607
2002年	1,604
2003年	1,509
2004年	1,429
2005年	1,626
2006年	1,611
2007年	1,561
2008年	1,537
2009年	1,523
2010年	1,447
2011年	1,403
2012年	1,364
2013年	1,330

（全国醤油工業協同組合連合会資料より）

表6　醤油の出荷数量

1989年	1,197,279
1990年	1,176,187
1991年	1,175,254
1992年	1,183,136
1993年	1,166,653
1994年	1,140,172
1995年	1,122,018
1996年	1,123,204
1997年	1,095,402
1998年	1,067,533
1999年	1,045,408
2000年	1,061,475
2001年	1,027,353
2002年	999,465
2003年	981,100
2004年	953,919
2005年	938,763
2006年	941,570
2007年	927,112
2008年	904,813
2009年	867,935
2010年	848,926
2011年	825,854
2012年	807,060
2013年	793,363
2014年	790,165

（単位：kℓ）

（全国醤油工業協同組合連合会資料より）

の二三〇七社から平成二十五年（二〇一三年）には一三三〇社と約一〇〇〇社も減少している。これは、それまで圧倒的数を占めていた零細企業が、いくつかまとまって協業組合化や企業合同化が進み、中規模の製造会社に姿を変えたことがとても大きな要因となっている。小さな醤油製造会社ではやっていけないので、同程度の製造家がまとまって大きくしたわけである。また大手五社（キッコーマン、ヤマサ、ヒガシマル、ヒゲタ、盛田《もりた》）の生産量が比較的安定していることから、醤油業界も二極化の時代を迎えているのである。

すべての醤油の出荷量は漸減の傾向にある。平成元年（一九八九年）には約一二〇万キロリットルであったのが、同二十六年（二〇一四年）には約八〇万キロリットルと減少した。これに伴って、一世帯当たりの消費量も減少しているが、これは前述したとおり、日本人の食生活が洋風化したこともあるが、減少した醤油の大部分は「ポン酢しょうゆ」や「めんつ

表7　醤油の1世帯当たり年間購入数量・支出金額

西暦	1世帯人員	購入数量（ℓ）		支出金額（円）
		1世帯当たり	1人換算	
1989年	3.61	12.3	3.4	2,947
1990年	3.56	11.8	3.3	2,952
1991年	3.57	11.8	3.3	3,333
1992年	3.53	12.2	3.4	3,456
1993年	3.49	11.7	3.3	3,307
1994年	3.47	10.9	3.1	3,069
1995年	3.42	10.9	3.2	2,980
1996年	3.34	10.8	3.2	2,922
1997年	3.34	10.5	3.1	2,926
1998年	3.31	9.7	2.9	2,736
1999年	3.30	9.6	2.9	2,714
2000年	3.24	9.1	2.8	2,548
2001年	3.22	9.0	2.8	2,491
2002年	3.19	8.6	2.7	2,468
2003年	3.21	8.0	2.5	2,349
2004年	3.19	8.5	2.7	2,311
2005年	3.15	7.9	2.5	2,212
2006年	3.11	8.2	2.6	2,233
2007年	3.14	7.9	2.5	2,220
2008年	3.13	7.6	2.4	2,236
2009年	3.11	7.1	2.3	2,251
2010年	3.09	6.9	2.2	2,106
2011年	3.08	6.9	2.2	2,101
2012年	3.07	6.6	2.1	1,964
2013年	3.05	5.9	1.9	1,943
2014年	3.03	6.0	2.0	1,951

（全国醤油工業協同組合連合会資料より）

ゆ」、「しょうゆドレッシング」、「出汁しょうゆ」、「かつおしょうゆ」、「焼肉のタレ」といった醬油ベースの二次加工に回っているので、決して醬油文化が退潮したのではないということである。現在、全国都道府県別での醬油生産量でのベストテンは、一位千葉県、二位兵庫県、三位愛知県で、以下群馬県、香川県、大分県、三重県、福岡県、北海道、青森県と続いている。

さて、これからの醬油について見てみると、驚くべきことに日本国内では生産量、消費量

表8　醬油の日本企業の海外工場生産量と輸出数量

西暦	海外生産量	輸出数量	合計
1989年	52,000	8,419	60,419
1990年	56,000	10,009	66,009
1991年	62,000	10,735	72,735
1992年	71,000	11,602	82,602
1993年	74,000	12,108	86,108
1994年	80,000	12,225	92,225
1995年	94,000	9,854	103,854
1996年	101,000	10,025	111,025
1997年	102,000	10,715	112,715
1998年	109,000	10,984	119,984
1999年	119,000	10,296	129,296
2000年	130,000	10,527	140,527
2001年	142,000	11,778	153,778
2002年	148,000	12,348	160,348
2003年	150,000	12,793	162,793
2004年	156,000	13,716	169,716
2005年	165,000	17,768	182,768
2006年	175,000	17,100	192,100
2007年	183,000	17,781	200,781
2008年	180,000	19,774	199,774
2009年	180,000	18,356	198,356
2010年	189,000	17,682	206,682
2011年	198,000	16,597	214,597
2012年	205,000	17,337	222,337
2013年	214,000	19,114	233,114

（単位：kℓ）

（全国醬油工業協同組合連合会資料より）

表9　醤油の輸出実績（2014年）

順位	国名	数量（ℓ）	金額（千円）
1	アメリカ	5,246,367	1,067,980
2	香港	1,994,847	446,873
3	オーストラリア	1,734,769	536,297
4	イギリス	1,706,965	428,644
5	大韓民国	1,171,069	282,127
6	フランス	1,157,562	336,956
7	中国	1,007,480	199,873
8	オランダ	984,776	222,793
9	ドイツ	938,133	222,140
10	フィリピン	663,243	128,929

（全国醤油工業協同組合連合会資料より）

とも減少しているのに対し、海外では消費量が高まり、年々著しい増加を示していることに注目しなければならない。日本の大手醤油製造会社が、アメリカを中心にして海外生産している量と、日本からの輸出量を合わせると二三万キロリットルで、これは日本国内出荷量の三分の一にまで迫っているのである。その主な輸出先はアメリカ、香港、オーストラリア、イギリスなどで、主として肉や油を多く消費している国が多く、このことは醤油は肉、あるいは油料理との相性が良いことも関係しているのであろう。

さらに和食が今日、世界中で大いに持てはやされていて、そこでは鮨、天婦羅、刺身、すき焼き、ラーメン、照り焼きステーキといった、醤油なしではできない料理が大いに流行《はや》っていることも要因のひとつになっていると思われる。

こうして、今や日本の醤油は、地球を代表する調味料として、さらに発展していくような気がするのである。

第二章　味噌の話

1 味噌の歴史

第一章で醤油の歴史について述べたが、実は弥生時代や奈良時代は「醬《ひしお》」という調味料が、さまざまな食材を塩に漬けたもの、あるいはそれが発酵したものの全体をさしていたものなので、醤油なのか味噌なのか塩辛のようなものなのか、ほとんど区別がつけられない状態であった。

ただ、「大宝律令」（七〇一年）およびその改修版の「養老律令」（七一八年）で設置された醬院《ひしおつかさ》の記録によると、醬院では醢《かい》、醬《しょう》、豉《くき》、未醬《みしょう》、酢、酒、塩などの調味料を使って料理をつくっていたと記されている。このうち醢は肉の塩辛、醬は野菜や魚、穀物などの塩漬け発酵食品、豉は径山寺《きんざんじ》味噌のような大豆発酵食品の類、未醬も豉に似て同じようなものだが豉より一段値が低いものではなかったかと推測されていた。ところが、天平十一年（七三九年）の『正倉院大日本古文書』によれば、奈良の市場での「買物拾種」（価格）が明らかにされていて、その中に「未醬四升価銭廿文《にじゅうもん》」とあって、未醬が市場で売られていたことがわかった。また当時の写経僧侶二七二人分の用量も明らかにされていて、「醬四斗八合　人

別一合五勺《しゃく》　未醤一斗三升六合　人別五勺　滓醤《ししょう》二斗七升二合　人別一合」とある。さらに「豉」は「未醤」より約五倍も高価なものであったことも記録されている。とするとやはり「豉」は高価な今の唐納豆《から》（径山寺納豆、大徳寺納豆《だいとくじ》など）のようなものだったのではなかろうかと推察されたのである。どうやらこのあたりから「未醤」というのは「味噌」ではなかったのか、という考えが出てきた。そしてそれが平安時代に入ると、はっきりと「味噌」という字が現われてくる。奈良時代までは、醤、未醤、豉などのはっきりとした実体がわからなかったので、ここにきていよいよ日本の「味噌」が歩き出したということになる。

その史実は、延喜元年（九〇一年）に完成した『日本三代実録《にほんさんだいじつろく》』で、初めて「味噌」の文字が登場している。この本は清和《せいわ》・陽成《ようぜい》・光孝《こうこう》の三代の天皇にわたる編年体の歴史書で、仁和《にんな》二年（八八六年）六月七日の項に「勅唐僧湛誉《たんよ》供料、日、白米、三升二合。塩、三合。味噌、二合。滓醤、二合。醤、一合。海藻、二両。滑海藻、二両。節料、白米、十斛《こく》。毎年五月十二日、以近江国正税充之。」とある。唐僧湛誉が朝廷から現物支給された年俸（日割り）を記録したもので、醤や滓醤とは区別された「味噌」とはどんなものであったかは明らかではないが、おそらく未醤のことであろうと思われる。

ここで注目されるのは「味噌」の字である。「味」は味覚生理を伴うこと、「噌」または「噌」は「積み重なる」の意味を持っていることを考慮して、味が積み重なったものが「味噌」としてこの字を当てた日本人がいたのかもしれない。「味噌」は国字熟語、つまり日本人がつくった言葉なのである。

「味噌」の字が記録された後、仮名読みの「みそ」も登場してくる。『宇津保物語《うつほ》』の「藤《ふじ》原《わら》の君《きみ》」の巻に「胡麻《うごま》は油にしぼりて売るに、多くの銭《ぜに》出《い》で来《く》。その糟《かす》、味噌代《みそしろ》に使ふによし」とある。荏胡麻《えごま》の油の搾り滓《かす》をみそづくりに使うとよい、と記されている。

いずれにしても「未醤」が「みそ」になったという説、また「みそ」という語源が何なのか、については、一〇〇〇年近く論争されてきた。古くは平安中期の漢和辞典『和名類聚《わみょうるいじゅ》抄《しょう》』で、新井白石《あらいはくせき》は『東雅《とうが》』で、本居宣長《もとおりのりなが》は『玉勝間《たまかつま》』で、向井元升《むかいげんしょう》が『庖厨備用倭名《ほうちゅうびようわみょう》本草《ほんぞう》』で、また近くでは中国の郭伯南氏が、韓国の李盛雨氏が、その他多くの学者がこの問題を研究してきたが、いまだに正確な答が得られていない。おそらく「未醤《みしょう》」が「味醤《みしょう》」となり、そのうちに「味噌」になったのだろうというのが今では一番多く支持される説となっている。

奈良平城京で未醤が市販されていたのは天平十一年（七三九年）の『正倉院大日本古文書』で知ることであるが、すでに述べたように、そのときには未醤四升が価銭廿文であった。それが宝亀《ほうき》元年（七七〇年）には未醤一升七五文と驚くほど高騰、またその三年後は逆に一升九文と値が下がっている。時代が変わって平安時代に入ると、都は奈良から平安京に移り、延長《えんちょう》五年（九二七年）の『延喜式』には、京の西の市に味噌屋が置かれていて、原料は大豆、米、小麦、酒、塩であることなどが記されている。当時の平安京には東西二つの市があり、東市は五一店、西市には三三店があって、いずれも公設市場であったこと、そこでは米、塩、油、生魚、干魚などの食料品や、絹、木綿、糸、布、帯、櫛《くし》、針、陶器、筆、墨、弓などの店も置かれていたと記述されている。

藤原明衡《ふじわらのあきひら》の『新猿楽記《しんさるがくき》』には、当時の世の中の模様がよく描写されていて、その中に名物名産品が載っている。信濃《しなの》の梨、丹波《たんば》の栗《くり》、尾張の粔《こめ》、近江の鮒《ふな》、越後《えちご》の鮭、山城《やましろ》の茄子《なす》、大和の瓜《うり》、丹後《たんご》の和布《わかめ》、鎮西《つくし》の米などがあり、そこに「得万民追従、家常贍、集諸国土産、貯甚豊也。（中略）河内堝弁味曽」とある。つまり「河内に鍋ならびに味噌があり」とあって、河内味噌が取り上げられている。

奈良時代から平安時代には城内の市でこれだけもの味噌や醬油が売られていたのであるから、当時はよほど大切な調味料だったのだろう。その当時の味噌とは一体どんなものだったのだろうか、液状か半液状か、今のような固形状か、色は黄色か赤か黒か褐色か、匂いはどうだったろうかと想像しただけで浪漫《ロマン》がかき立てられる。おそらく味噌はさまざまな食べもの、例えば野菜類や煮魚、干魚、焼き魚などに塗ったり付けたりして食べていたのではないだろうか。

平安時代中期の和泉式部《いずみしきぶ》は女流歌人として知られているが『和泉式部続集』に次のような歌がある。

二月ばかり、味噌を人かりやるとて
花に逢《あ》へばみぞつゆばかり惜しからぬ飽かで春にもかはりにしかば

この歌でいまだに論争を見るのは「みぞつゆ」のところである。これは「味噌汁《つゆ》」のことである、という説と、いやそうではないと解釈する説とがある。もし「味噌汁」であれば、これがおそらく味噌を汁で飲んだ最初の記録となるから料理学的には大切なことなのである。

味噌汁として出てくるのは今のところ平安時代では見当たらず、鎌倉時代に入って公家《くげ》から武家に権力が渡ると、武家の食生活に味噌汁が出てくる。王朝文化の奢侈《しゃし》に滅びた平家の轍《てつ》を踏まないために、鎌倉幕府は節倹奨励策をすすめ、武士や武家に粗食をうながす政策を布《し》いたのである。そのため特に注目すべきものとして、鎌倉武士の食事では、味噌汁を麦飯にぶっ掛けて食べる「汁掛け飯」が流行っていた。また室町時代の『宗五大草紙《そうごおおぞうし》』には、「人前にて飲食の様、武家にては必ず飯わんに汁かけ候、飯をば本膳、また二の膳にでも候へ、折敷《おしき》へ分候べし。小わんに分け候事なく候。出家は必ず冷汁椀《わん》にかけて御参候」とある。

また、同じ室町時代の『武者物語』には「食物もちゆるをみるに、一飯《ぱん》に汁を両度かけて食する也。をよそ人間は高《たかき》も下《ひく》きも一日に両度づゝの食なれば、是《これ》をたんれんせずといふ事

図18　味噌売り（左）とまんじゅう売り　『七十一番職人歌合』より

なし。一飯に汁をかくるつもりをおぼえずして、たらざるとてかさねてかくる事、不器用なり」とある。当時は一日二食であって、身分の高い人も低い人も二度の食事では汁掛け飯を食べていた様子が記されていて面白い。

　鎌倉時代の汁掛け飯は、強飯《こわめし》（蒸した飯）に味噌汁を掛ける簡単なものであったが、室町時代に入ると、今度はかなり料理的になって、強飯に具を加え、味噌を調味料にしてそれを煮た料理が流行した。それを「醤水《みそうず》」といったが「増水《ぞうすい》」ともいい、それが江戸に入ると「雑《ぞう》炊《すい》」となった。

　味噌はこのように汁にして食べることが多かったが、一方ではおかずとしても重宝していた。そのひとつが「なめ味噌」で、室町時代、すでに紀州あたりには「練り味噌」、「焼味噌」、「ユズ味噌」、「カニ味噌」、「山椒《さんしょう》味噌」、「鯛《たい》味噌」などがあった。『七十一番職人歌《しちじゅういちばんしょくにんうた》合《あわせ》』（一五〇〇年）には、奈良から京都に「法論《ほうろ》味噌」を売りに来たこととして「夏まではさし出《いで》ざりし法論みそ　それさへ月の秋をしるかな」、「うとくのみ奈良の都の法論みそほろ〳〵とこそねはなかれけれ」と記してある。「法論みそ」は「ほろ味噌」あるいは「あすか味噌」とも呼ばれたもので、焼味噌を天日《てんぴ》で乾かし、細かく刻んだ胡麻《ごま》、麻の実、胡桃《くるみ》などを混ぜ合わせたものである。ただ、別の文献（『雍州府志《ようしゅうふし》』）には、「法論味噌は黒豆を煮て、それでつくった豉《くき》のようなもの」とあり、「あすか味噌」とは別ものとの考えもあるのだ。

ところでこの室町時代というのはまた戦乱の時代でもあり、とりわけ応仁《おうにん》の乱（一四六七～一四七七年）以降は強者《つわもの》どもが夢を駆け巡った戦国の世であった。諸大名は戦場においては常に強い兵隊を備えておかなければならず、そこで重要な兵糧として注目されたのが味噌であった。味噌の原料の大豆は極めて豊富なタンパク質を含んでいて、これを味噌にすると、そのタンパク質が発酵によって分解され、スタミナ源、活力源となるアミノ酸になっている。牛肉のタンパク質は平均一七～一八％であるのに対し、大豆は一六～一七％でほぼ同じである（『四訂食品成分表』女子栄養大学出版部刊）。つまり「大豆は畑の肉」と考えれば、味噌をからめたおむすびはさしずめ「肉巻き飯」であろう。飯（米）の主成分はデンプンで、これが体内で消化酵素に分解されると、こちらはエネルギー源としてのブドウ糖になる。したがってその「肉巻き飯」を食べると、スタミナ源とエネルギー源の両方が摂取できるのであるから、強い兵隊をつくることができるというわけである。

だから戦国の武将たちは、味噌を戦略上の重要な物資と決め、作戦上にも登場させている。例えば武田《たけだ》信玄《しんげん》は信濃遠征に当たって、街道筋の農民に大豆の増産を図って、その大豆で味噌造りを奨励し、その味噌を買い取りながら進攻したという。また豊臣秀吉《ひでよし》は米、味噌、塩を高値で農民から買い取って進攻したといい、さらに奥州《おうしゅう》仙台の伊達《だて》政宗《まさむね》は、兵糧用に味噌を大量に囲おうと、青葉《あおば》城内に「御塩噌蔵《おえんそぐら》」を設け、そこに市内の味噌屋から大量に買いつけた味噌を常時納めていたとのことである。豊臣秀吉は朝鮮出兵のとき、全国の大名に味噌を供出させ、それを持って行ったところ、他藩の味噌は出兵先で腐敗してしまったのに、仙台藩の味噌だけは健全だったという。そこで多くの藩は、政宗から味噌を分けてもらうことしばしばで、仙台味噌の名声を挙げるのに一役買ったという話である。味噌はまた、戦場でのスタミナ源としてだけでなく、他にも重宝されたとの文書も少なくない。『前橋旧蔵聞《まえばしきゅうぞうきき》書《がき》』には、「焼味噌湯に立てて呑《のみ》候へば終日食物仕《つかまつ》らず候ても少しも飢ゑざるものに候」とか「焼味噌は息合《いきぎれ》に能《よ》く候」などが見える。また『軍議分類《ぐんぎぶんるい》』には「陣中に干菜、干大根、蕨《わらび》、芋の茎などを味噌にて塩からく煮付けて、干しかためて、紙袋、布袋などへ入れ持て、先にて水を入れて煮れば其《その》まま汁になるべきなり」とあって、今日のインスタント味噌汁のようなものまでこしらえて戦地に赴いているのである。

足利《あしかが》将軍家を取り巻く食事風景は、何代にもわたって華やかなものであったことは多くの文書で知られている。例えば十三代将軍足利義輝《よしてる》の食事会の献立は「五種の魚盛り」、「のしあわび」、「つべた」(貝)、「鯛」、「するめ」、「たこ」、「ほしほいり」(醤煎)、「湯漬け飯」、「香のもの」、「かまぼこ」、「鯛の子」、「はまぐり」、「くじら」、「すし」、「うずら」、「つぐみ」、「さざえ」……まだまだ続いている。この将軍家の宴席とは対照的に下級武士の間では、味噌汁を主体とする「汁講《しるこう》」が流行していた。その様子は『桃源遺事《とうげんいじ》』にも見え、「客を請け候ては、其《そ》の客どもめい〳〵に、飯をめんつう(面桶)と云ふ物などに入れ携へ来《きた》り、亭主は唯《ただ》、汁一色のみこしらへ、能《よ》き時分汁をなべのまゝ座敷へ持出し、うち寄り賞味もてはやして、此《こ》の外は何のもてなしと申す儀一つもなけれども、興に入り咄《はな》し候由」とある。つまり、客はそれぞれに飯を小さなお櫃《ひつ》に入れて持って集まり、主人は味噌汁だけ用意しておいて、その飯と汁だけで吟味しながら食事をし、互いの飯や汁を褒め合ったりして、その外には何も出ない出さないけれど、ああ楽しかった、美味《うま》かったと喜び合っていたのである。

ところが面白いことに、公家の「汁講」も記録されている。同じ室町時代末期に山科言継《やましなときつぐ》が著した『言継卿記《ときつぐきょうき》』にあり、すでに金回りが良くなくなって、贅沢三昧《ざんまい》は昔の話といった公家たちは、下級武士と同じく味噌汁講を楽しんでいるのである。しかしやはりそこは公家たち、飯に汁だけではなく、なかなかの味噌汁を楽しんでいたのであった。その『言継卿記』に出てくる「汁講」の味噌汁は「いくちの汁」(いくちは茸《きのこ》の一種)、「雁《がん》の汁」、「蕨汁」、

「筍《たけのこ》汁」、「松茸《まつたけ》汁」、「鱈《たら》の汁」、「狸《たぬき》汁」、「飯汁」、「湯汁」などである。かつて栄華を誇った公家たちが、味噌汁をすすり合っている情景が心を和ませてくれるものであることは昔も今も変わりない。

こうして時代は江戸へと入る。もう味噌は全国津々浦々で醸され、消費され、食べられていた。そして地方によって愛好される味噌の味や色や原料を異にしながら、その土地土地で御当地味噌が発展して行くのであった。もちろんみそ汁はどの家庭でも飲まれ、そして味噌の料理も数えきれないほど多くなり、さらに保存食としての味噌漬けも、質素な日本人の食卓には実によく合って、どんどんつくられ、消費されるようになっていった。特に江戸や大坂といった大都市には人が集まってきて、そこに町人文化が台頭すると、大衆の味方である味噌は味噌汁や味噌料理を中心にさらに大都市で大量に消費されていった。

日本を率いていくことになった徳川家康も、味噌をたいそう好んだ人物で、家康の食事にいかに味噌料理が多かったかを知るのは、寛永《かんえい》三年（一六二六年）九月の『徳川公方将軍饗《きょう》応《おう》』を見るとわかる。そこには味噌に関するものだけでも、「味噌和《あ》えもの」、「味噌汁」、「敷味噌」、「味噌漬人参《にんじん》」、「味噌漬なたまめ」、「味噌漬あいなめ」、「刺身酢味噌」と続くのである。一度の食事に出されたものだけでもこれだけの品数があるのだから驚かされる。

また将軍家には、全国の諸大名からの献上品が毎日のように届いていた。その中で有名なのが江州《ごうしゅう》彦根《ひこね》の井伊《いい》家からの牛肉味噌漬けである。当時は生ものを遠くまで運ぶのは味噌に漬けるのが一番適していた。塩漬けや醬油漬けでは食べるときに塩《しょ》っぱ過ぎて不味《まず》くなってしまうが、味噌に漬けると腐敗を免れるばかりでなく、運搬中に熟成していくから、着いたときにはとても美味しくなっているのである。肉ばかりでなく、魚も大好物だった家康のもとには、魚の名産地からも美味しい味噌漬けが届いたことであろう。

江戸城徳川将軍家の日々の料理は「御座敷御膳所」というところでつくられていた。御膳奉行が六人いて、一八の部所に分かれ、将軍だけでなく総勢一〇〇〇人を超す人の食事を賄っていたのである。料理をつくる御膳所の御台所人は七〇人で、七〇坪ほどの台所の中央には幅二尺五寸（約七五センチ）、長さ四尺（約一メートル二一センチ）の大俎板《まないた》があり、また幅二尺五寸、長さ三尺あまりの大七輪《しちりん》があって、煎《い》り方《かた》はその周りで味付けなどをした。賄方《まかないがた》四〇人は御台所人の下働きで、芋の皮をむいたり、魚の鱗《うろこ》などを取ったりしていた。中でも「役成《やくなり》」という人は味噌擂《す》り専門で、直径三尺ほどの円型石製擂鉢《すりばち》の中に一度につき味噌二貫目（約七・五キロ）ほどを入れ、長さ四尺五寸の大擂粉木棒《すりこぎぼう》を抱えながら味噌を擂っていたという。三度三度の膳に使う味噌の量は相当なもので、これを一〇〇〇人を超す人数分擂るのであるから大変な重労働であったろう。しかも朝から晩まで毎日毎日味噌擂りをしているのである。とにかくこういう役人職もあったのだから、今の役人は楽でいい。

江戸や大坂その他の大きな地方都市には近郊や遠くから人が集まってきて人口がどんどん増えた。大工や左官、物売り、大店《おおだな》小店《こだな》の番頭、従業員、役人、運送人等々。とにかく天明七年（一七八七年）の『蜘蛛《くも》の糸巻《いとまき》』によると当時の江戸は「町数二七七〇余町、市中人口一二八万五三〇〇人」とある。江戸といっても今の東京ではなく、人口集中地は千代田区、中央区、港区、台東区、墨田区、江東区などである。当時のロンドン、パリ、ローマよりも人口密度は江戸の方が遥かに上であったのだから、繁華な街はごった返していたに違いない。するとそこには当然、居酒屋、小料理屋、屋台といった飲食場所が乱立してくる。実はここでも、味噌は重要な調味料として嗜《たしな》まれていた。最も栄えた享保期から天明期の間の多くの文書の中から、そのような飲食場所で客に提供された味噌料理を拾ってみる。

味噌田楽《でんがく》＝豆腐、蒟蒻《こんにゃく》、里芋、木の芽、茄子《なす》、泥鰌《どじょう》、鯰《なまず》、鯉、鮒、鯎《うぐい》、田螺《たにし》、鰙《わかさぎ》、粟《あわ》餅《もち》、焼大根、玉子（卵を味噌に溶いて塗る）、蕪《かぶら》、揚げ（油揚げのこと）、厚揚げ、狸《たぬき》、猪《いのしし》、兎、熊。

なめ味噌＝蒜《にんにく》、油、芥子《からし》、山葵《わさび》、山椒、榧《かや》実、玉子、豆腐、梅干、南蛮、鯛、鳥、千鳥味噌、切り味噌、当座味噌、天竺《てんじく》味噌、織部《おりべ》味噌、金海鼠《なまこ》味噌、径山寺《きんざんじ》味噌、七日味噌、麹《こうじ》味噌、天一《てんいち》味噌、御膳味噌、玉味噌、五斗味噌、一休味噌。

魚介・肉の味噌料理と汁料理＝集め汁（味噌汁に干しフグ、イリコ、豆腐、芋などのごっちゃ汁）、松笠《まつかさ》いり（味噌と鯛《たい》の煮もの）、包み味噌（小鯛の腹の中に味噌と針ウドを詰めて蒸す）、鯛青淵《とろろ》（鯛の身を焙《あぶ》り、味噌と煮合わせ、山芋と炊き合わせる）、以下出てくる料理名のみ記す。鯉汁、観音汁《かんのんじる》、江珧汁《たいらぎじる》、鯉味噌、鮑《あわび》味噌煮、鮑腸《わた》味噌和え、鯛杉焼、伊勢杉焼、蛸《たこ》味噌柔か煮、土蔵焼、蝦夷《えぞ》汁、仙台煮、鴨《かも》味噌、雉子《きじ》汁、狸汁。

味噌汁＝蕗《ふき》、笋《たけのこ》、ハコベ、菜、蕪、蓬《よもぎ》、芹《せり》、大根、韮《にら》、蓴菜《じゅんさい》、豆腐、巾着、納豆、鶏《けい》冠草《とう》、茄子、若布《わかめ》、その他多数。

とにかく江戸の料理屋では、以上のように味噌を使った汁や酒の肴《さかな》などがとても多彩であった。

江戸は味噌の一大消費地であったが、その味噌はどこから来たのであろうか。江戸が開かれたと同時に、まず味噌の仕込みに必要な麹を造って売る商売が江戸市中に五軒できた。当時はその麹屋が味噌を造るところと考えてよく、自分の店の麹を造ると同時に、麹を買いに来る市民にも売ったのである。そのころは、「手前味噌」と言って、家々が大豆と麹と塩を買ってきて、味噌を造るのが一般的でもあったのだ。江戸の人口が激増するにつれ味噌麹屋もそれに対応して数が増え、四谷《よつや》あたりに次々と店が栄えた。それが今の「麹町《こうじまち》」の名を残している。その後は本郷《ほんごう》、小石川《こいしかわ》あたりにも味噌麹屋はできていく。延宝《えんぽう》四年（一六七六年）の町方書上げの条には、「本郷春木町二丁目、味噌麹高買、伊勢屋久右衛門儀、延宝四年辰《たつ》年中より麴高買仕、住居、土間に糀室《こうじむろ》有之、入口間口一間四方にて、長さ三間程有之候、外名前のもの右に準ず、銘々室所持仕罷在候」とあり、このような味噌麴屋は本郷に何軒も並んでいたことがわかる。そして味噌麴屋は、次第に味噌製造の方に中心を置き、本郷から本所《ほんじょ》、深川《ふかがわ》、浅草《あさくさ》、市ヶ谷《いちがや》などに広がっていった。

当時は、江戸も大坂も幕府の物品問屋扱い制度（問屋仲間制度）が厳格で、寛永二年（一六二五年）に幕府から町奉行を通じて出された「問屋扱商品一覧」には、米、塩、薪《まき》、炭、銭、酒、味噌、灯油、魚油、醬油、綿布、くり綿（「繰綿」と書き、木綿《きわた》の実を綿繰車《わたくりぐるま》にかけ、核を取ったままで精製していない粗製の綿のこと）の一二品目が指定されていた。これらの物品はすべて問屋を経由しないで売買されると「闇物《やみもの》」あるいは「抜物《ぬけもの》」と称して、それに関わった者は厳罰に処された。

江戸市中で造られた味噌（各家庭で造られる手前味噌を除く）も、近郊の川越《かわごえ》や佐原、少し離れた下総や下野《しもつけ》から入ってくる味噌も、尾張や関西方面から輸送されてくる味噌も、すべて問屋仲間を通して売られていた。記録によると一七〇〇年代の江戸の問屋仲間の数は三一〇店もあった。

当時の江戸での味噌の小売値段は、天明年間（一七八一〜一七八九年）に銭一〇〇文につき上味噌二五〇匁《もんめ》（約九三八グラム）、中味噌三〇〇匁、下味噌三五〇匁、下の下味噌四〇

○匁とある。この値段で注目されることは、当時の味噌問屋仲間や小売屋はかなり高い値で売っていたようで、天保《てんぽう》元年（一八三〇年）に入って物価抑制政策を中心とした改革政策の気運が高まると、銭一〇〇文につき味噌七五〇匁（約二・八キログラム）にまで下がっている。

図19　荷牛車を使う味噌屋　『江戸商売図会』より

社団法人中央味噌研究所刊『みそ文化誌』によると、享保十年（一七二五年）、江戸入港船舶の貨物高のうち、味噌問屋取扱高は二八二八樽とある。一樽正味一八貫詰めとして約五万貫、人口一〇〇万人とすると一人一年平均の消費量は五〇匁（約一八八グラム）となる。これではあまりにも少な過ぎるが、これは不思議ではなく、江戸市中で造られた味噌および江戸近郊や下総、下野あたりから陸路で荷車や荷牛馬車を使い運び込まれてくる味噌の量が莫大《ばくだい》だったからである。

江戸市中で最も好まれた味噌は「仙台味噌」であった。江戸は地方から稼ぎにやって来た人たちの集合地のようなところでもあった。その上、建築や土木、運搬、荷役といった力仕事をする人も少なくない。そのような人たちが好む味噌は、田舎味噌のイメージが強く、色も赤系で、塩味とうま味が濃い仙台味噌なのである。そのため仙台藩は、味噌を江戸で売って藩財政を強化しようと一大計画をした。当時仙台藩の江戸藩邸は七ヶ所あり、そこに江戸勤番役人として三〇〇〇人を常駐させていたが、味噌を仙台から太平洋航路で送らせ、それを役人たちは江戸の問屋組織に売り込んでいたのである。役人セールスマンの誕生だ。そのうちに、仙台からはるばる運んで来るのは面倒だと思ったのか、次には仙台から味噌の原料を送らせ、大井《おおい》(今の品川区)にあった仙台藩下屋敷で仙台味噌の醸造を開始したのである。それがたいそう当たって、大井の味噌は美味しいと大評判。いつしか大井の下屋敷は「味噌屋敷」と呼ばれるようになり、江戸市民から絶大の支持を得ていた。なお、その味噌屋敷で造られた仙台味噌は、江戸味噌問屋が全量売り尽くしていたということである。

江戸における仙台味噌の台頭は、それまで江戸に移入してきた別の地域の味噌にまで影響を及ぼしたが、明治時代に入ると、江戸での味噌の製造事業は伊達家から八木《やぎ》家に引き継がれ、明治中期にはその製造法を東京の味噌製造業社に広め、以後、大半の業社が仙台味噌の醸造を行うようになった。

明治、大正、昭和の時代になって鉄道も開け、自動車を中心にさまざまな運搬手段の発達によって、味噌は地方から都市に向けて流れ続けた。しかし、味噌という嗜好品は各地の原料事情や気候風土、食習慣などの諸条件により、それぞれの地方特有の味噌がその土地の人たちに好まれるものでもあるので、東京や大阪といった中央とは違った味噌文化を持っている。そのため、味噌は時代が変わったとはいえ、地方色を前面に出して醸造され、今日に至っているのである。

2　味噌の造り方と種類

味噌は大豆を主原料に、米または大麦、大豆麹、塩を混ぜてそれを発酵、熟成させた調味料である。製造の原理や発酵微生物などはすでに述べた醬油と基本的に同じである。ただし醬油は、ドロドロとした液体状の諸味《もろみ》で発酵させ、それを搾って最終製品は完全なる液体状であるのに対し、味噌は仕込みの最初も途中も終わりも固体で、最終製品も固体状であるところに大きな違いがある。

原料の大豆は、溜《たまり》以外の醬油の場合は大概は脱脂大豆を使うのであるが、味噌の場合は丸大豆のまま吸水させたものを蒸す。一方、水を吸わせた精白米を蒸してから、それに味噌

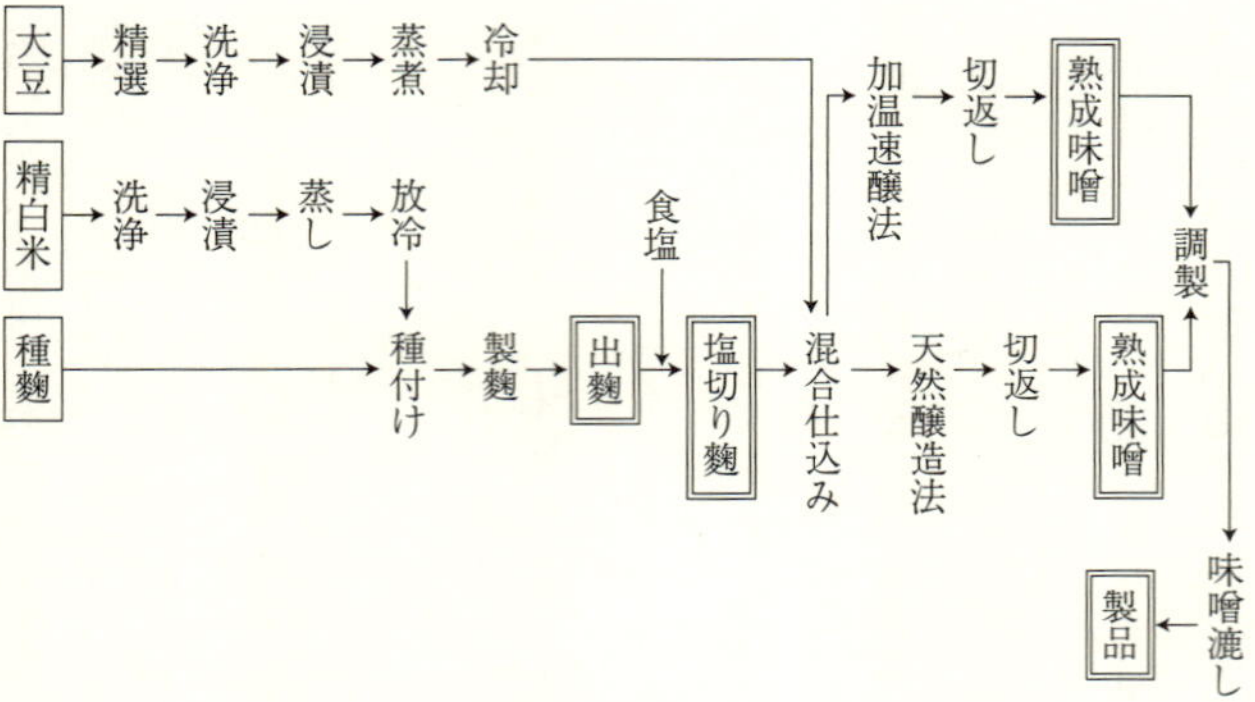

図20　米味噌の製造工程

用麴菌を付けて繁殖させると米麴ができる。その米麴に食塩を加えて塩切り麴とし、それに大豆を加えてよく混ぜ合わせ、大桶または大きなタンクに入れて発酵させる。発酵と熟成の期間は、天然醸造法では半年から一〜二年をかけるが、この期間を短縮するために、加温速醸法をとるところもある。これは、発酵室の温度を高めて発酵と熟成を進めるというもので、天然醸造法より香りや味がやや低下するともいわれている。このように大豆と米麴と食塩で仕込んで出来上がった味噌を「米味噌」という。また大麦や裸麦で麴を造り、それを大豆と食塩とで仕込んだ味噌は「麦味噌」、大豆麴と大豆と食塩とで仕込んだ全大豆仕込みの味噌は「大豆味噌」（通称「豆味噌」）という。そしてこれらの三種の味噌を混ぜ合わせたものは「調合味噌」といい、また仕込みのとき、例えば米麴と麦麴とを混ぜて大豆と食塩で仕込んだ味噌も「調合味噌」と呼んでいる。

なお、大豆味噌は、その歴史や造り方が極めて特殊なので後述する。

味噌はまた、甘辛の味によって区別され、米味噌では「甘味噌」、「甘口味噌」、「辛口味噌」に三別される。この味の違いは、大豆に対する米麴の重量比率である麴歩合（米麴÷大豆×一〇）、米麴と大豆を等量使用すれば麴割合は一〇で、この麴割合が高いほど麴からの糖分によって甘い味噌となる。また塩分が少ないほど甘口になる。したがって辛口の味噌を造るには、麴歩合を低くして塩分を多めに使えばよい。

また米味噌と麦味噌、製品の色調によっても分類され、それぞれ「白味噌」、「淡色味噌」、「赤味噌」とに分けられる。白はクリーム色、淡色は淡黄《たんおうしょく》色または山吹色《やまぶきいろ》、赤は赤茶色または茶褐色のような色をさす。この色調の違いは原料の処理方法（蒸し時間とか製麴《せいきく》時間の長短、米や麦の精白度など）や、仕込みの配合（大豆と米麴あるいは麦麴との使用量の違い）によっても左右されるが、一番大きな要因は醸造期間（発酵と熟成）の長短によるものである。醸造期間が短いほど白く、長くなるほど赤くなる。

味噌の分類定義には入らないが、全国各地で昔からその土地の気候や風土に合った味噌が造られ、そういう味噌にはその土地の名が付けられている。例えば「信州《しんしゅう》味噌」、「仙台味噌」、「江戸味噌」、「会津《あいづ》味噌」、「佐渡味噌」、「八丁味噌」、「津軽味噌」、「西京《さいきょう》味噌」、「府《ふ》中《ちゅう》味噌」などである。

表10　味噌の分類

原料による分類	味による分類	色による分類	配合		醸造期間	産地	主な銘柄
			麹割合	塩分(%)			
米味噌	甘味噌	白	15～30	5～7	5～20日	近畿地方、岡山、広島、山口、香川	白味噌、府中味噌、讃岐味噌
		赤	12～20	5～7	5～20日	東京	江戸甘味噌
	甘口味噌	淡色	10～20	7～12	20～30日	静岡、九州地方	相白味噌
		赤	10～15	11～13	3～6か月	徳島	御前味噌
	辛口味噌	淡色	5～10	11～13	2～3か月	関東甲信越・北陸地方、その他全国各地	信州味噌
		赤	5～10	11～13	3～12か月	関東甲信越・東北地方、北海道、その他全国各地	仙台味噌、北海道味噌、津軽味噌、秋田味噌、会津味噌、越後味噌、佐渡味噌、加賀味噌
麦味噌		淡色	15～25	9～11	1～3か月	九州・四国・中国地方	
		赤	8～15	11～13	3～12か月	九州・四国・中国・関東地方	
豆味噌			全量	10～12	5～24か月	愛知、三重、岐阜	八丁味噌
調合味噌	米味噌・麦味噌・豆味噌を混合したものや、米麹と麦麹のように複数の麹を混合して醸造したもの						

なお、現在市販されている味噌の比率のパーセンテージは、およそ米味噌が八〇％、麦味噌五％、豆味噌五％、調合味噌一〇％である。

味噌を醸す微生物は、すでに述べたように、醬油の場合とほぼ同様である。使用する麴菌は米麴用、麦麴用ともアスペルギルス・オリゼーおよびアスペルギルス・ソヤーを、豆麴にはアスペルギルス・ソヤーを使う。アスペルギルス・オリゼーはデンプン分解酵素が強く、アスペルギルス・ソヤーはタンパク質の分解力が強い。主原料の大豆のタンパク質を分解してうま味成分のアミノ酸を出すために、醬油と同じくアスペルギルス・ソヤーを使うことが多い。

昔は家付き酵母や家付き乳酸菌のように、空気中から自然侵入した菌で味噌を発酵させていたが、今は耐塩性乳酸菌や耐塩性酵母をあらかじめ培養してから仕込み時に添加することが一般的になった。その添加物は醬油諸味と同じでテトラジェノコッカス・ハロフィラス、耐塩性酵母はチゴサッカロマイセス・ルキシーやキャンディダ・バーサティルスである。これらの耐塩性酵母は、多量の塩分存在下でも発酵して、味噌に酸味を付けたり香気成分を生成して付与する。

表11　味噌の種類と一般成分

味噌の種類			水分（%）	食塩（%）	タンパク質（%）	グルタミン酸（mg/100g）	直接還元糖（%）
米味噌	甘（白・赤）		41.1	5.6	8.28	304	27.8
	甘口・淡色		44.8	9.0	8.68	316	23.3
	淡色・辛	漉	44.9	11.7	9.94	436	17.6
		粒	44.1	11.6	9.48	417	16.8
	赤色・辛	漉	43.6	12.0	10.39	416	15.5
		粒	44.9	12.5	10.16	410	15.5
麦味噌	淡色系		42.7	10.6	7.94	502	21.4
	赤系		43.0	10.9	8.39	422	19.4
豆味噌			44.4	11.6	16.67	1060	5.0

3 味噌の成分

味噌の成分は、種類により、また原料使用量と配合、原料処理、熟成方法と期間、発酵微生物の種類、増殖や発酵の度合いなどの違いによりまったく異なってくるので、その成分の差異をあまり細部にわたって論じることは意味がない。しかし、味噌全体にわたって言えることは、非常にうま味成分（アミノ酸やペプチドなど）が多いことである。そのうま味成分の基となるタンパク質は、米味噌系よりも豆味噌系に多いので豆味噌のうま味成分は群を抜いている。大豆タンパク質の分解によって生成した味噌全体に含まれるペプチド、グルタミン酸、アスパラギン酸、グリシン、アラシンなどの低分子アミノ酸は穏やかなうま味を持つ成分なので、味噌の味をまろやかにしている。

味噌の成分の中で特筆されるのは脂質の含有量である。醬油と異なって味噌の仕込みには脱脂大豆ではなく丸大豆を使うので脂質が多くなるのは当然で、豆味噌には約一〇％もあり、米味噌にも三％程度含まれている。その脂質はほとんどが大豆由来の不飽和脂肪酸であるリノール酸で、抗酸化性が強く、味噌の保健的機能性が高いとされる要因のひとつとなっている。味噌と保健的機能性については、最近特に注目されているので、これについては後述する。

図21　米味噌用の麴　写真提供、和久豊氏（株式会社ビオック）

4　豆味噌のこと

豆味噌は愛知県、岐阜県、三重県の東海地方で大部分が生産されるという地域特性を有している上、米味噌と麦味噌と違って大豆のみで造るという点が極めて特徴的である。その上、米麴と麦麴は蒸した米や麦一粒一粒に麴菌が繁殖する「散麴《ばらこうじ》」の形態をとっているのに対し、豆味噌仕込み用の麴では、蒸した熱い大豆をおむすびのように握るか木型にはめ

図22　麦味噌用の麹　写真提供、野田味噌商店

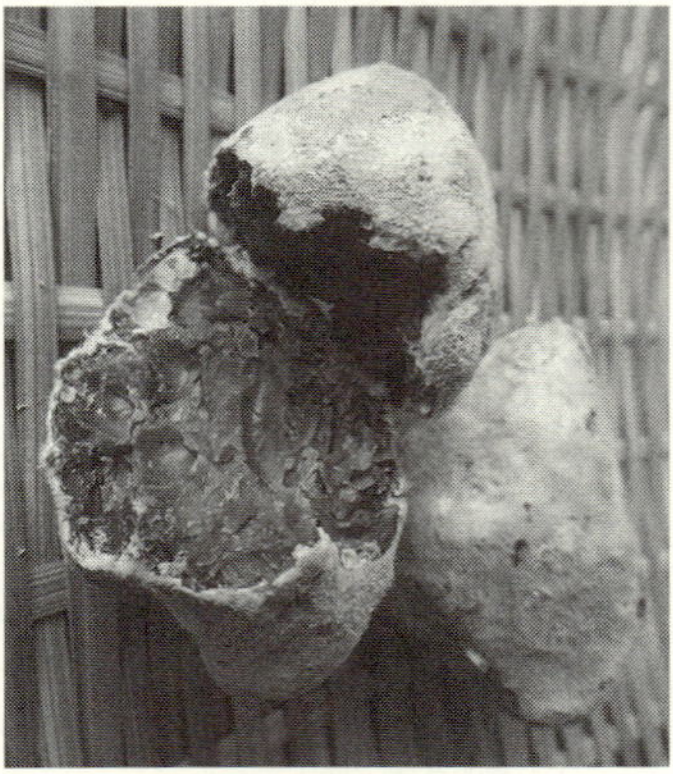

図23　豆味噌用の麹　写真提供、野田味噌商店

て丸く固め（これを味噌玉という）、それに種麹を付けて培養する。餅麹《もちこうじ》形態の麹としているのが最大の違いである。今は、蒸し上げた熱いままの大豆を味噌玉成型機という機械でつくるのであるが、その味噌玉には「八丁式玉」と「大玉」、「小玉」がある。「八丁式玉」は直径五センチ前後、「大玉」は三～四センチ、「小玉」二～二・五センチぐらいである。

とにかく、これまで述べてきた日本古来の味噌ではなく、まったく別個な味噌と考えてよく、さらに言えば、この味噌の伝播してきた経路も根本的に精査しなくてはならない、ということになった。

そこで食物史に関係する研究者たちが、さまざまな古文書や文献、海外まで行っての現地調査などを行ってきた結果、実はこの豆味噌は、日本で発生したのではなく、大昔に朝鮮半島から高麗人《こうらいじん》によって日本にもたらされ、それが東海地区で根を下ろした、ということがほぼ確実になってきたのである。私もこのことに関しては前々から注目していて、個人的にもいろいろな角度から検証してきたのであったが、その朝鮮半島由来説はゆるがぬものであることを確信し、平成二十五年（二〇一三年）十月に愛知県で開かれた考古学会『東海学シンポジウム』で「東海の豆味噌文化」と題して報告した。

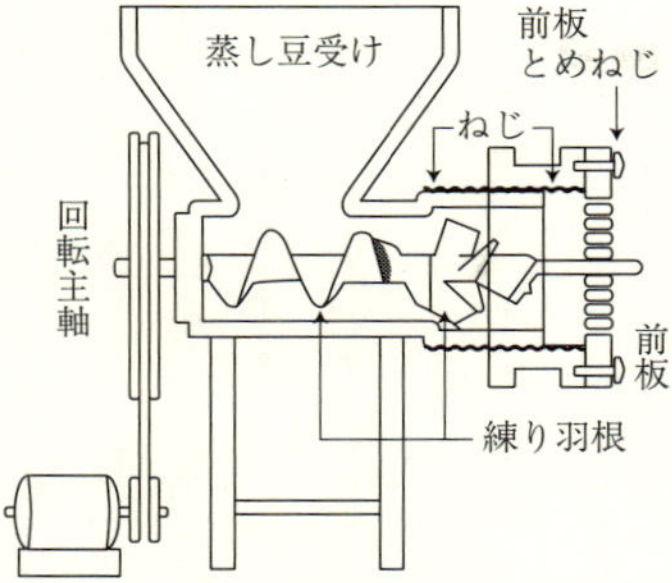

図24　味噌玉成型機　小泉武夫編著『発酵食品学』より

その概要は次のとおりである。日本の豆味噌を造るときの味噌玉とまったく同じものが朝鮮半島に今もあって、それを「豉《メジュ》」と呼んでいる。中国の古代文献に「豉《シ》」という字は見えるので、おそらく中国から朝鮮半島に伝わり、そこで形を変えて「豉」となった。それを使って造った味噌が「甜醬《テンジャン》」、醬油が「干醬《カンジャン》」、唐辛子味噌が「苦椒醬《コチュジャン》」なのである。つまり、朝鮮半島から高麗人が渡来し、そのときに「豉」が持ち込まれ、それが日本での「味噌玉」づくりになったと見られている。とにかく

「豉」の造り方は日本の「味噌玉」とまったく同じである。なお、高麗人による豆味噌の日本への伝来経路は、日本海から若狭《わかさ》湾の敦賀《つるが》付近に入り、そこから陸路近江の余呉《よご》、浅井《あざい》を抜けて関ヶ原から美濃平野に入り、まず飛騨《ひだ》味噌（この味噌も味噌玉を使った大豆だけの豆味噌である）で発達し、一部は北上して信州の一地区に及んだが大半はそれが三河に広まった。そして、三河の地は昔から大豆生産が盛んな土地である上に、矢作川《やはぎがわ》河口には吉良《きら》塩田を持っていて、そこでいっそう発展したのであった。

この飛騨、美濃、尾張、三河という地は、気候も温暖で平野地も多く、木曽川《きそがわ》や長良川《ながらがわ》、豊川《とよがわ》、矢作川といった大河も流れているので昔から豊穣《ほうじょう》の地であった。そのため、戦国時代はこの地を巡って武将たちの抗争が絶えず、兵士の兵糧として大量の味噌を必要としたのである。その後、徳川家康が江戸に入城すると、岡崎《おかざき》、豊川《とよかわ》、豊橋《とよはし》あたりの豆味噌が菱垣廻《ひがきかい》船《せん》や樽廻船によって江戸に運ばれ出し、いよいよこの地で豆味噌は発展したのである。

そして、ここで今一度味噌の来た道を整理してみると、二つの経路に分かれ、奈良時代から日本にあった味噌は、醤油と深く関係していて、中国から渡来してきた「醤《ひしお》」が基本となって醤油と味噌に分化した。一方味噌玉を使った豆味噌は、中国の「醤」が朝鮮半島に伝わってそこで味噌玉式の味噌に変わり、それが日本の若狭あたりに伝わって、近江、飛騨を経て東海地方で発展した、ということになる。そして、この味噌玉式豆味噌の製法は、今でもこのルート上に残っていて、美味しくて、体力のつく味噌を供給しているのである。

豆味噌を巧みに利用したのは徳川家康だと言われている。とにかく大豆一〇〇%の味噌なので、スタミナ源となるタンパク質は牛肉とほとんど同じである。これを戦いのときに兵隊に食べさせれば無敵の強力部隊ができると思ったのだろう。三河の地に大豆耕作を推奨し、三河湾での製塩を推進した。飯のおむすびに豆味噌を塗れば、エネルギー源の炭水化物は十分に摂《と》れ、そこにスタミナ源のタンパク質が重なる。さらに味噌には防腐効果があるので、長く持ち歩いても腐りにくい。その上、何と言っても美味い。豆味噌の濃厚なうま味に飯からの耽美《たんび》なほどの甘み。徳川兵も「こりゃたまらねえ」といっぱい食ったに違いあるまい。

家康ゆかりの地といえば、愛知県岡崎市であるが、ここに豆味噌の名を全国に知らしめた「八丁味噌」の蔵元が今でも二社ある。実は昔から「八丁味噌」といったのではなく、江戸時代の岡崎に八町《はっちょう》村という地名があり、それに由来する商品名である。その地名は明治時代に入って八町村→八帖村→八帖町になり、現在に至っている。この「八帖」を「八丁」として「八丁味噌」となった。岡崎の豆味噌は、江戸から東京に至るまで「八丁味噌」とは呼ばずに江戸時代は「三州《さんしゅう》味噌」や「参州味噌」、明治に入って「岡崎味噌」、「三河味噌」と呼んでいた。そのうちに「八丁味噌」として東京に来たとき、地元の岡崎の人なら「八丁味噌」で通じるが関東の人には通じなかった。こうして、今ではあまりにも有名な「八丁味

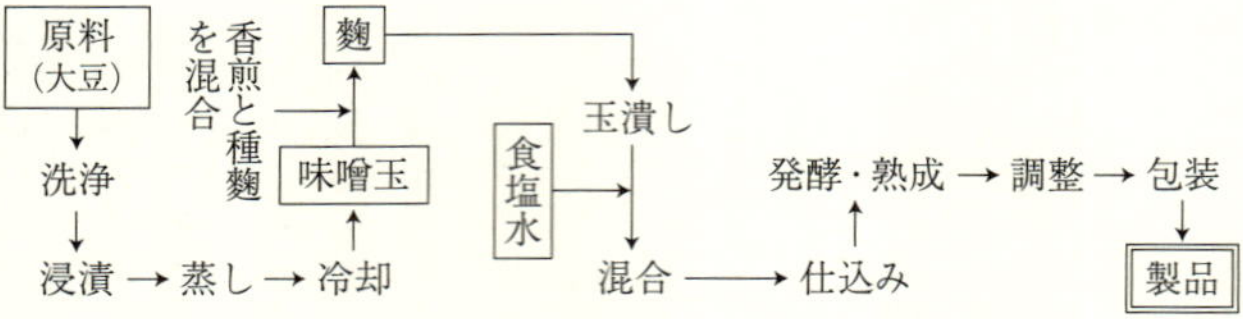

図25　豆味噌の製造工程

噌」の名が全国に通用するのは明治末から大正期である。したがって、愛知県を中心に味噌玉をつくって仕込む味噌は今もすべて「豆味噌」で、「八丁味噌」もそのひとつである。

岡崎での豆味噌醸造は早川久《はやかわきゅう》右衛門《えもん》が正保二年（一六四五年）、大《おお》田《た》弥治《やじ》右衛門《えもん》蔵が元禄九年（一六九六年）である。二人は八町村（今の岡崎市八帖町）にあったので、そのうちに早川家「カクキュー八丁味噌」、大田家は「まるや八丁味噌」という商品名で豆味噌を売り出した。

そして豆味噌がどんどん知られるようになるに従って、日本全国に愛好者が増えたのは、何と言ってもこの味噌の持つ魅力である。まず強烈なほどのうま味を有していて、ひと啜《すす》りしただけで目が覚めるほどの味の濃さだ。その上、うま味だけでなく特有の渋みと苦みがほのかに宿るのも印象的なのである。次に香りが高いのは、この味噌は「寝かし味噌」といって、少なくとも二〜三年、長いものは数年間熟成されるので、その間に味噌は完熟し、あの豊潤な芳香を発生させるのである。また、光沢のある濃い赤褐色は、豆腐や浅蜊《あさり》や蜆《しじみ》などの貝類、滑子《なめこ》や榎茸《えのきだけ》のような茸《きのこ》類などの味噌汁にして俄然美味しく、さらに煮魚や煮付けの照り出しに、さらには田楽のタレとして、さまざまな料理に使えて重宝だからである。

豆味噌の造り方は、すでに述べたように味噌玉という麹をつくり、それを潰してから食塩とともに仕込む。そして以後は、極めて長期間の発酵と熟成を行うことで、異才というか一《いっ》匹狼《ぴきおおかみ》的な個性を持った味噌が得られるのである。

5 郷土に見る味噌の名産地

日本列島はすべてが味噌愛好列島でもあるので、昔から全国各地に味噌の知られた生産地がある。以下にその代表的な地域とその味噌の特徴などを述べることにする。

北海道の味噌

江戸末期、松前《まつまえ》藩は蝦夷《えぞ》の地を幕府直轄とし、そこに居住する人たちは米、味噌などの生活物資を内地から輸送していた。その後明治時代に入ると政府は「北海道開拓使」を設置して蝦夷を北海道に改称した。そのため北海道には全国から屯田兵《とんでんへい》や開拓者が集まり、生活上、味噌は不可欠の必需品となった。そこで開拓使が明治四年（一八七一年）に札幌郡篠路《しのろ》村に味噌醤油醸造所を開設したのが北海道での味噌生産の始まりである。そして道内での開拓事業は全道に広がり、明治三十五年(一九〇二年)には工場数三十余、年間生産量は味噌七四万貫、そしてその一〇年後は工場七十余、味噌生産量二〇〇万貫に及んだ。以後は大正、昭和と人口が増え続けるのに従って味噌の生産は追い付かなくなり、船便で本州から運んでいた。今なお北海道には道内のあちこちに味噌屋があるが、日本一の大豆生産地として、むしろ全国の味噌屋に国産大豆を供給する重要な役割を担っている地となっている。

津軽味噌

青森県津軽地方で古くから味噌の生産があったのは、多くの文献で知られている。最も古い記述は慶安《けいあん》年間(一六四八〜一六五二年)に津軽藩に味噌の原料を納入する御用商人の記録で、「大豆一升に対して麴六合」とあり、米味噌を造っていた。当時は弘前《ひろさき》町内に「室《むろ》屋《や》」という職業があり、これは麴屋のことで、室谷甚六《むろやじんろく》という人が藩より委託を受けて味噌の製造をしていたという。津軽藩では味噌を軍需食糧として重要視し、城中に味噌蔵をつくって常に味噌を備蓄していて、元禄四年(一六九一年)の『津軽藩御日記』には「味噌蔵は津軽城北の方に在り」との記述がある。津軽味噌は多くが蝦夷へ船送されていた。

「津軽味噌」という名称は江戸時代にはまったく見当たらず、明治に入って北海道の開拓民によって呼ばれたのだとされている。それは津軽味噌は三年もの間、長期の発酵と熟成をさせるので、とても美味しいという評判が開拓民の間から出たのがきっかけとなった。

寒地の味噌のため落ちついた独特の香りがあり、淡泊味と上品な甘み、黄金色《こがねいろ》の光沢が地元民から愛されている。仕込み後三年間も熟成させてから出荷するので塩角《しおかど》も取れ、丸みを帯びた風格のある味噌で、「津軽三年味噌」として全国に知られている。

仙台味噌

仙台味噌に関すれば、今に残されている膨大な文書や資料を整理しても、とてもその多くを語れるものではないほど事項が多い。

最も古くそして有名な話は、伊達政宗が文禄《ぶんろく》二年（一五九三年）に朝鮮の蔚山《ウルサン》で戦ったとき、仙台味噌を軍糧として運び込み、他藩の味噌より安定して腐らず変質せず、その上美味しいというので大評判となったことである。

その仙台味噌が商業化されたのは寛永三年（一六二六年）で、常州《じょうしゅう》（今の茨城県）真壁《まかべ》から仙台にやって来た真壁屋古木市兵衛《ふるきいちべえ》が繁華な国分町《こくぶんちょう》で「仙台味噌」の看板を掲げたのが最初といわれる。そのときは、八尺桶一八本、七尺桶二、三本をもって造ったと記されている。伊達政宗は常に城中の「御塩噌蔵《おえんそぐら》」に味噌を常備していて、その御用味噌屋を真壁屋古木市兵衛にさせていた。その仙台味噌はとても美味しいというので、江戸で大評判になり、大井の「味噌屋敷」で味噌を醸した話は前述した通りである。

仙台味噌は幕末と明治維新での混乱、株仲間の解体などもあって一時は凋落《ちょうらく》の様相を呈したが、明治三十一年（一八九八年）に「宮城県味噌醤油醸造同業組合」を創立し、組合加入者二八〇名で再出発。三〇〇年の伝統を守ろうと共存共栄、品質の向上、価格の安定を基礎として進み出し、今では全国で最も人気の高い味噌のひとつとしてその地位を築いている。仙台味噌は辛口系の赤味噌で、光沢に優れ、香りも高く、うま味も個性的で米味噌としては最も安定した香味のバランスを持っているのが人気のもとである。

越後味噌と佐渡味噌

同じ新潟県ではあるが、越後味噌と佐渡味噌は歴史も味噌の個性も異なっている。

越後味噌の最初はとても古く、戦国時代の永禄七年（一五六四年）、上杉謙信《うえすぎけんしん》が北条《ほうじょう》氏を攻めて上総・下総（いずれも今の千葉県）に行ったとき、野田地方で発達していた味噌造りを兵に習得させ、越後でそれを農民に伝えたということである。農民はそれぞれに米と大豆を持っていたので、塩を購入して手前味噌を造った。これが商業化されたのは元和二年（一六一六年）で、上州屋伝兵衛《じょうしゅうやでんべえ》が今の長岡《ながおか》市で、城主からの依命で城下民の飢饉《ききん》と兵糧の備蓄用として造ったのが最初である。これがのちに味噌屋として発展していく。大正年間から東京方面に送られ、昭和に入ると関東地方での取引に基盤ができ、生産も大きく伸びた。

雪国にふさわしい、越後味噌を語るひとつに「浮き麴味噌」がある。味噌汁にすると米麴の粒がふわっと白い花が咲いたように表面に浮き上がってくるために名付けられた。越後味噌の特徴は赤色で辛口系、華やかな芳香の粒味噌で人気が高い。長岡市のほか新潟市や上越《じょうえつ》市あたりにも銘醸蔵が今も残っている。

佐渡味噌は、佐渡国の一の宮の度津《わたつ》神社のある羽茂《はもち》（今の佐渡市羽茂町）で農民たちが造りはじめたのが最初とされている。それが慶長六年（一六〇一年）に金鉱脈が発見されると、幕府直轄地の天領となって、労働者や金商人など人々が島に集中した。そのため味噌造りは、農民たちの手から組織立った味噌製造業者へと移り、大型化した。佐渡には国中《くになか》平野があり、米と大豆は大いにとれたし、島国なので塩の入手も容易である。しかし、佐渡の味噌はそれからしばらくの間、島外には持ち出せなかった。幕府は金の密送を防ぐために、島からの物資搬送は一切認めなかったからである。とても美味しい味噌ができていたのに、味噌業者は島外に売ることができず、とても悔しがった。

そして、やっと佐渡から味噌が島外に出荷できるのはなんと江戸時代末期から明治時代初期である。味噌の多くはそれまで北前船《きたまえぶね》の寄港地として使われていた小木《おぎ》港から北海道に向けて送られていた。しばらく北海道に送られていた佐渡の味噌は、大正十二年（一九二三年）の関東大震災のとき、東京市の要請により救援輸送が行われ、そのとき関東の人たちは佐渡味噌のすばらしさを知り、以後急激に需要が伸びた。佐渡味噌の最大の特徴は大豆粒も麹粒も完全に擂り潰してつくる「濾《こ》し味噌」である。辛口赤味噌系であるがトロリとし、うま味も上品で、魚を汁にしたり、煮たりするときの味噌としても最高級だと評されている。

信州味噌

信濃国に味噌造りが広まったのは、戦国時代の武田信玄のときに行軍用に造らせた「川中《かわなか》島《じま》溜り」だという。もちろんその前には、農民たちの手によって自家用の手前味噌は造られていた。しかし、鎌倉中期の『源平盛衰記《げんぺいじょうすいき》』には、木曽義仲《きそよしなか》を訪ねてきた公家がヒラタケ入りの味噌汁を飯にぶっ掛けて食べて、不味《まず》い！　と言ったらしいことが記してあり、当時の信州の武士たちが味噌汁のぶっ掛け飯を食べていたことは事実である。とにかくこのように、信濃の味噌の歴史は相当古いが、ここでは、この国の味噌が江戸から明治、大正、昭和と発展し続け、今も信州の味噌が全国的にも支持されている理由を述べておく。

それはまず、信州という地は美味しい味噌を醸すのに最も適した土地柄であることだ。山紫水明にして標高が高く、空気は常に澄んでいて、夏は昼夜の温度差が大きく、冬は寒仕込みに適した寒さだ。そして、川沿いの赤土で南向きの斜面は、美味しい大豆を育てるのに理想的で、また稲作地帯としての上田《うえだ》盆地、長野盆地、松本《まつもと》盆地、伊那《いな》盆地を抱えていて、さらにあちこちのアルプスからは仕込みに最適の伏流水が湧き出ている地なのである。信州味噌は長野市や岡谷《おかや》市、松本市、飯田《いいだ》市、上田市、茅野《ちの》市、飯山《いいやま》市、伊那市、小諸《こもろ》市、佐久《さく》市、塩尻《しおじり》市、諏訪《すわ》市、千曲《ちくま》市、中野《なかの》市、須坂《すざか》市などのほか、多くの町村にも昔からの味噌醸造業が栄えていて、名実ともに長野県は日本一の味噌県なのである。

以上、ここまで東日本における味噌の生産地を述べてきたが、ほかに宇都宮、茂木《もてぎ》、烏山《からすやま》、鹿沼《かぬま》、日光《にっこう》、佐野《さの》、足利《あしかが》、益子《ましこ》などで醸されている栃木味噌も有名である。

東海北陸の味噌生産地

愛知県の岡崎市や豊田市の豆味噌についてはすでに述べたので、ここでは触れないが、その東海地方では岐阜の豆味噌も有名で、中でも古川《ふるかわ》地域の豆味噌は、溜《たまり》醬油を搾った残りの方を豆味噌と称しているが、さまざまな料理のタレや焼き味噌用として重宝されている。

また奥揖斐《おくいび》地域の「だま味噌」は極めてユニークで、二月に煮た大豆を臼《うす》で搗《つ》き、それで味噌玉をつくって稲藁《いなわら》で包み、それを二～五個縄で連につないで天井に吊《つ》り下げておく。四月か五月になると、その味噌玉は黒みがかってくるので下ろし、臼で搗いて細かく潰してから塩と水で仕込んで三年後に「だま味噌」と呼ぶ豆味噌の出来上がりとなる。美濃地方の味噌玉のように大豆に裸麦を加えて造るのは珍しく、これで醸した豆味噌もよく知られている。

三重県の伊賀《いが》には戦国時代から伝わってきた豆味噌を使って、軍糧としていた記録がある。十七世紀、藤堂高虎《とうどうたかとら》が伊賀藩主になり、白鳳城《はくほう》（伊賀上野《うえの》城）を築城したとき、その貯蔵食糧の中に、白瓜、紫蘇《しそ》の実、大根、人参などを刻んで豆味噌に漬け込んで軍糧としていたものである。

古くから静岡地方で造られてきた相白《あいじろ》味噌も有名だ。東海道安倍《あべ》川《かわ》の丸子《まりこ》宿《しゅく》で有名な「とろろ汁」は、江戸風のすまし仕立てではなく、地元産の相白味噌を使っている。正月の雑煮も東京ではすまし仕立て、京都では白味噌仕立てだが、静岡は相白味噌を使っての味噌仕立てである。相白味噌は淡色系の信州味噌と白味噌との中間のような色をしたもので、信州味噌より麴使用量が多く塩分は少なく、発酵熟成期間は短い。信州味噌よりは甘みが多く、白味噌よりは色が濃く甘みは少なく辛い。京都の白味噌と区別するために「相白味噌」と称したのだが、静岡の人たちは「白味噌」と呼んでいる。

石川県の味噌も古い。特に能登地方は歴史が大変古いので、味噌も昔から造られてきた。能登味噌の特徴は、豊富な魚介類の料理に合うように造られてきて、水分がとても多いのでやわらかく、塩辛いのが特徴である。こうした高水分高塩分の味噌は、魚汁をつくるのにはとても適している。

加賀《かが》藩の味噌も古い。寛永十四年（一六三七年）の記録では「二十石は御前様（藩主）の味噌用の大豆で河北《かほく》郡のを使用、百石は御台所《みだいどころ》（大奥）用の大豆で新潟中大豆を使う」とある。藩は軍用に味噌を貯蔵する味噌蔵を有していて、享保年間（一七一六～一七三六年）の『武家耳底記《ぶけじていき》』には「黄門利常卿《こうもんとしつねきょう》（前田三代藩主）の時、味噌蔵あり、今の奥村市右衛門第地（九人橋下通中間南側《くにんばししたどおりなかまみなみがわ》）是なり、故にその辺を味噌蔵町といへり」とある。

西国の味噌

京都は何と言っても白味噌である。この白味噌文化圏は近畿《きんき》地方一帯から瀬戸内、山口まで広がっている。貴族文化や王朝文化の影響で、さらに普茶《ふちゃ》料理や懐石料理の中心地で、婚礼や法要の饗膳で、白味噌を使った料理を配する格式を重んじる地域ならではの味噌である。京都の場合、平安時代まで白味噌は遡ると言われていて、とても古い。

京都の白味噌は多麹使用薄塩の米味噌で、夏は一週間、冬でも一〇日ぐらいしか発酵・熟成をしないので、とにかく色は薄く白く、とても甘く、しかしあまりうま味は多くないという味噌である。味が大変に濃い尾張の豆味噌で育った織田信長《おだのぶなが》が初めて上洛《じょうらく》して足利将軍家の料理を口にしたとき、その不味さに怒って料理人を手打ちにすると言いだしたので、あわてて味噌を代え料理を田舎風にしたら御機嫌が直ったというエピソードがあるほどの味噌である。

広島県の府中味噌も白味噌系である。広島での味噌と醬油の生産は、天正十七年（一五八九年）に毛利輝元《もうりてるもと》が広島城を築いたころだと言われ、その後天和《てんな》二年（一六八二年）に府中の大戸久三郎《おおこくさぶろう》によって初めて白味噌が造られた。その府中白味噌はなかなか上品で、特に福山《ふくやま》藩主が好み、参勤交代の際に「府中の白味噌」として将軍の膳部《ぜんぶ》や江戸への沿道の諸藩主に贈ったという記録がある。府中の白味噌は、味がきめ細やかで透き通るような白色、低糖の甘口が特徴なので地元の牡蠣《かき》鍋や浅蜊《あさり》、ネギ、ワケギなどとの和えもの、その他高級料理には今でも欠かせない味噌である。

和歌山の径山寺《きんざんじ》味噌は「なめ味噌」の一種で古い歴史を持っている。平安中期の『新猿楽記』にも記されていて、大豆と大麦を蒸したものに米麴を合わせ、塩を加えて仕込みまで保存する。ナスやウリを小口切りにして塩を振り、シソの実は塩もみにし、千切りのショウガには塩を振って、盆が過ぎたころ仕込む。半月から一ヶ月してから食べ始める。

南国の味噌

南の地方へ行くと、麦食文化が色濃くなってきて、俄然麦味噌が多くなってくる。麦味噌系は「田舎味噌」とも呼ばれるが、素朴な中にとても美味しい味があり、また多麴の味噌から熟成を長期にしたものなどがあって好きな味噌のタイプが選べるので楽しい。

四国では小豆島の麦味噌、香川県や愛媛県の裸麦の味噌も有名で、また吉野川《よしのがわ》北岸地域、宇和海《うわかい》地域、石鎚山《いしづちさん》地域などの麦味噌も知られたところである。

九州でも麦味噌が多く特に長崎、熊本、大分、鹿児島は大半がこの麦味噌で、そのほとんどは裸麦である。熊本の肥後《ひご》味噌は、麦独特の強い香りと深いうま味があり、淡色系で甘味の多いのが好まれている。鹿児島の麦味噌は「薩摩《さつま》味噌」として有名で、島津《しまづ》藩は常に軍事用として生産を奨励していた。他に讃岐の白味噌、阿波《あわ》の御前味噌もよく知られている。奄美大島《あまみおおしま》や沖縄のソテツ味噌は有毒成分を発酵によって分解して造る奇跡的な味噌として知られている。

6 味噌の料理と調味特性

味噌は、おむすびにからめたり、キュウリやネギに付けたりして、そのまま食べることもあるが大概は料理材料の味付けとして使うことがほとんどである。汁ものや和えもの、なめ味噌、鍋料理、炒めもの料理、焼きもの料理、煮物など、どんな料理にも使われる。「味噌は万能の調味料」とはよく言ったもので、まさにその通りである。

全国には夥《おびただ》しいほど多くの郷土味噌料理があって、これほど広範囲に使われる調味料は味噌以外はないであろう。きっと味噌は調理されるとき、出来上がった料理にすばらしい効能を与えてくれるからこそ、このような使われ方をするのだろう。ここでは味噌の持つ調理上の特性あるいは役割について述べることにする。

まず第一に味噌の持つ味と香りである。味噌の主原料はタンパク質の豊富な大豆であるので、これが麴菌の生産したタンパク質分解酵素に作用されると分解し、美味しさの成分であるアミノ酸やペプチドに変化するから、味噌はとても美味しいのである。発酵するとき、酵母や乳酸菌も働いて酸味を付与したり香気成分もつくるので、風味は一段と高まって、原料の大豆と比べるとまるで違った嗜好食品になっているのである。この味噌のうま味や酸味、香気成分は料理される材料を丸ごと包み込むので、出来上がった料理は誠にもって美味しくなるのである。

また味噌には出汁《だし》と調和するという効能があるのである。カツオ節やコンブ、シイタケなどは核酸系呈味体《ていみたい》が中心で、この呈味体がアミノ酸呈味体と出合うと、いわゆる「味の相乗効果」が起こって、猛烈にうま味が増強されるのである。特に味噌は、アミノ酸を多く含んでいるため、出汁からの呈味成分と作用する範囲、量が大きいため、とても美味しくなるわけである。

さらに味噌には、緩衝能《かんしょうのう》という物理的、生理的性質があって、味をさまざまに変化させることができる。例えば酢の酸味が強過ぎるとき、そこに味噌を少し加えてやると酸味がやわらげられるので、酢味噌やぬたなどの料理に応用されるのである。

味噌には塩分が含まれているので、浸透圧が高く、この性質は漬物の具から上手に水分を引き出し、代わりにその具に味噌のうま味を送り込むことができる。味噌漬けにすると漬けた材料が固まり、そしてそれが味噌の風味に染められるのはこの性質のためである。塩《しょ》っぱくて美味しいので、ほんの少しの味噌漬けでもご飯が美味しく食べられる。

味噌には、他の食品に比べて驚くほど強い抗酸化力が備わっている。抗酸化力とは、食品に含まれる脂質などが空気に触れると酸化して、味が劣化したり、さらに酸化が進むと有害物質がつくられたりする現象である。ところが味噌には、この酸化を抑制する力があることがわかり、とても注目されているのである。どれぐらい強いかというと、生干ししたままのイワシや塩漬けしたイワシを一三日間置き、それとは対照にイワシを生のまま味噌に漬けて一三日後測定してみると、味噌に漬けなかった方のイワシは過酸化物質が著しく増えているのに、味噌に漬けた方はまったく酸化していないことがわかったのである。大豆を原料に使う味噌には、大豆から脂質がいっぱい入ってくるので、製品味噌には五〜六%もの脂質が含まれているが、それが酸化されることはなく、またビタミン類の酸化も抑えられて残存している。この抗酸化物質の正体は、味噌中に大豆から溶け出してきたサポニン、イソフラボン、トコフェロール、レシチンのような抗酸化物質や、発酵によって生じたさまざまな抗酸化力のあるペプチドあるいはメラノイジンのような物質であることがわかってきている。

味噌はまた、魚の生臭みや肉の獣臭を消す調味料としても知られ、サバやイワシの味噌煮には魚特有の臭みがなく、食欲を引き立てる味噌の匂いのみが鼻孔をくすぐるのはこのためである。味噌のやさしい酸味が生臭みを消すだけでなく、味噌にはマスキング効果といって、味噌そのものの匂いが生臭みや獣臭を包み込んで抑えてしまう効果があるからである。日本は四方を海に囲まれた海洋国家であるから、海から大量の魚を獲り、また内陸では川や池、沼、湖からも魚が獲れるので、日本人は魚食民族と言ってもよいほど魚を食べてきた。そこに味噌の存在は、魚をいっそうおいしく食べられることをこの民族にしっかりと教えてくれた基本のようなものであり、さらに栄養学的視野から見れば、魚の動物性タンパク質と、味噌の植物性タンパク質とが体の中で融合するという、理想的な活力源の獲得につながるのである。

とにかく、味噌が、この国の代表的民族食のひとつとなったのは、このような味噌の底力を日本人が的確に見抜く力を持っていて、それを実践してきたことに尽きるのである。

7 味噌の神技、諺と民話

日本人は味噌にまで信仰心を傾ける。それは全国各地に味噌にまつわる神社仏閣があって、それを拝み、祭りをすることによってよくわかる。日本人の心の優しさ、信仰心の篤さを物語る一面だ。かつて味噌は、家単位で造っていたので、家族の命を養うための大切な食物であったから、それを敬い、それに家内安全を願う。

沖縄地方には、新築した家屋に移るときにはまず最初に運び出すのが味噌と塩であったことからわかるように、味噌をその家の象徴とする観念があった。また、味噌の原料は大豆、米、麦といった畑作農耕によって授けられるものであるから、畑作信仰と結びついているといった例もある。例えば味噌の匂いを山の神は好むといい、さらに山の神に味噌田楽や味噌を塗って焼いた五幣餅《ごへいもち》を捧《ささ》げるところもある。さらに葬送とも関連づけ、死者に供える膳に味噌をそえたり、野辺送りから帰ったときの清めに味噌を使うなど、塩と近い関係で考えているところもある。一方で味噌屋は、腐ることなく常に美味しくて立派な味噌を醸せるようにと神頼みをし、またその味噌がよく売れて商売繁盛が叶《かな》いますようにと神仏に祈念するのである。

味噌にまつわる、あるいは味噌に縁がある神仏の中で、全国的によく知られているところを北から見てみると、まず秋田県にある東湖八坂《とうこやさか》神社である。男鹿半島の根元、八郎潟《はちろうがた》の水が海に流れ出るところにある神社で、この神社には味噌造りに関する「統人《とうにん》行事」がある。開祖は延暦《えんりゃく》二十年（八〇一年）の桓武《かんむ》天皇の御世《みよ》、征夷大将軍坂上《さかのうえの》田村麻呂《たむらまろ》が蝦夷《えみし》征伐に当たって平定祈願に出雲《いずも》大社から祭神素戔嗚尊《すさのおのみこと》の神霊を招請して祀った神社である。その神社では、毎年三月二十四日は「御味噌式」といって神官らによって味噌の仕込みを行う。また翌日は「御味噌埋め式」で、仕込み終えた御味噌を、桶に入れ、それを境内の埋設場の穴に納める神事である。そして六月二十五日は「御味噌揚げ式」で、三月二十五日に埋めた御味噌を揚げ、お祓《はら》いを受ける儀式である。そしてこの味噌は、それから一年間の祭典中の神前に供え、また祭典中の諸行事の料理に使う。味噌を神として奉る神事で、一二〇〇年も続いている。

宮城県塩竈《しおがま》神社は塩と縁の深い神社であるから、当然味噌ともつながりがある。そして味噌醬油を造っている仲間たちはこの神様にあやかろうと、寛政《かんせい》六年（一七九四年）に、当時比類のないほど大きい高さ四尺（約一メートル二〇センチ）の巨大な鉄製六角型灯籠《とうろう》を奉納した。こうして仲間一同は、塩竈神社に商売繁盛を祈願し、今も続いている。なお、この巨大な灯籠は、太平洋戦争のときに供出されてしまったが、その後、昭和三十四年（一九五九年）味噌醤油仲間の手によって新たに奉納され現在に至っている。

山形市にある神明《しんめい》神社は、陸奥《むつ》東征に起源する古い神社で、一風変わった味噌とのつながりを持った神社である。神社は現在の鈴川《すずかわ》町にあり、その町内には今も味噌屋があり、またこの近くの印役《いんやく》、山家《やんべ》の集落は古くから製麹《せいきく》業が盛んである。この神社の国司壇《こくしだん》という小丘に石堂があり、その表面に「国司大明神原田《はらだ》氏深瀬《ふかせ》氏廟《びょう》」、側面に「天平九年」（七三七年）と刻まれている。この原田氏と深瀬氏は当時、味噌や麹を造っていた人で神明神社縁起に登場する祭官（祭りを行う神人《じにん》）でもあった。その後原田氏は没したが、深瀬氏は存続し、今でもその地の味噌製造業者、麹業者はいずれも深瀬氏を名乗っている。

栃木県小山《おやま》市の高椅《たかはし》神社と千葉県南房総市千倉町の高家《たかべ》神社は、ともに祭神に磐鹿六雁《いわかむつかりの》命《みこと》を祀る味噌・醤油醸造の守護神である。この命は第八代孝元《こうげん》天皇の曽孫《ひまご》で、第十二代景行天皇の東国巡行に随行し、安房国で味噌や醤油を使った料理をつくって大好評。それ以後は天皇の食膳を調達する職に就いた。その後、日本料理の開祖として崇《あが》められた。

佐渡国の一の宮である度津《わたつ》神社の祭神は出雲国素戔嗚尊《すさのおのみこと》の子、五十《い》猛命《たけるのみこと》である。この命は佐渡国の山や海を開拓した神で、佐渡に味噌を伝えた祖神としても古くから祀られている。その度津神社のある羽茂《はもち》は今も佐渡味噌の産地として繁盛している。名物「鮎の石焼き」は、度津神社の神域を流れてくる羽茂川の鮎を石の上で味噌焼きにするものである。

山梨県甲府市太田町《おおたまち》の「味噌なめ地蔵」は稲久山一蓮寺《とうきゅうさんいちれんじ》が正徳《しょうとく》三年（一七一三年）に建立したものである。開国巡礼の僧が病にかかりこの寺に寄ったが病臥《びょうが》した。夜夢枕に子供が現われ、「味噌は食餌中基根《きこん》のもの。その味噌を供養しなさい」と告げられた。これを寺の住職に語ると、早速寺の関係者も集まって来て、すぐに地蔵一基を建立し味噌を献じて供養をした。すると、僧の病はたちまちのうちに快癒した。それ以後、後世の人々はこの地蔵に味噌を供えて病気平癒、無病息災を祈願してきて今に至っている。

同じような地蔵として埼玉県蕨《わらび》市にある三学院《さんがくいん》の「目疾《めやみ》地蔵」は目の病にかかったら味噌を持って行ってこの地蔵の目に塗って平癒を祈願する。また群馬県沼田《ぬまた》市にある天桂寺《てんけいじ》の「味噌なめ地蔵」は体の痛いところと同じ場所に味噌を塗ると痛みを取り除くというので、今も昔も地蔵の口の周りや頭から足元まで味噌まみれである。

広島市東《ひがし》区東山町《ひがしやまちょう》にある才蔵寺《さいぞうじ》にも味噌地蔵がある。これは戦国時代に味噌を戦いに使って勝利したという、軍師で槍《やり》の名手の可児才蔵《かにさいぞう》の地蔵で、この地蔵に味噌を供えたり、味噌を地蔵の頭の上にのせると、知恵が付いたり、頭が良くなったり、進学にご利益《りやく》があるというので多くの参詣がある。

味噌の神技《じんぎ》として、とりわけ有名なのは熊本市内にある味噌天神である。建立は和銅《わどう》六年（七一三年）で、肥後国初代国司道君首名《みちのきみのおびとな》が、国内に悪疫が広がって住民が苦しんだとき、疫病平癒祈願のため建てたという。祭神は薬の神である御祖天神《みおやあまつかみ》である。この味噌天神の正式社名は本村《もとむら》神社で、奈良時代に、この天神に祈願すると不思議に美味しい味噌ができたという伝説にもとづいている。古くから地元民だけでなく、全国の味噌関係業者の参詣がある。

およそ食べものの中で、味噌ほど多くの諺《ことわざ》を持っているものは他にあまり見当たらない。諺は、広く世間が言いならわしてきた警句や教訓なのであるから、いかに味噌が人間社会に密着してきた食べものであるかがうかがえる。

例えば「味噌の味噌臭きは食われず」というのは、「味噌に豆臭い匂いや麴の匂いが生《なま》のまま残っているようでは使いものにならない。じっくりと熟《こな》れて、豆の匂いなどなくなってから使うものである。これと同じく人というものも、あまり自分の境遇といったものを露骨に発散するような人は未熟人で奥深さがない」という譬《たとえ》である。

また「三年味噌に四年大根」というのは、「味噌も三年たてば、熟成が完成して味わいは最上となり、また味噌漬け大根も四年たてば最もおいしくなる。真味《しんみ》というのは、そう短期間で完成されるものではなく、じっくりと熟成されてのみ生まれるものである」の意。「味噌は七里帰っても食え」（味噌は体に大変良いものだから、七里先まで使いに行っても、そこで泊まるのではなく帰ってきて味噌を食べよ）。「味噌汁と富籤《とみくじ》は当たらない」（味噌汁を食べていると食中毒に当たらないが、富籤はいつも当たらない）。「味噌濾《こ》しで水をすくう」（意味も効果もないこと）。「味噌盗人《ぬすっと》は手をかげ」（どんなに巧妙に味噌を盗んでも、手についた味噌の匂いは消えないからそれを手がかりにせよ）。

以下に味噌の諺を挙げておく。「医者と味噌は古いほどよい」、「牛の子に味噌」、「火事になったら味噌を塗れ」、「口みそをつける」、「着物質に入れても味噌は煮ておけ」、「手前味噌で塩辛い」、「手味噌酒盛り」、「生味噌は腹の妙薬」、「味噌桶が外に出ると雨が降る」、「味噌買う家に蔵建たず」、「味噌が固けりゃ所帯も固い」、「みそこし下げた女房」、「味噌汁一杯三里の力」、「味噌汁つくって初産《ういざん》する」、「味噌汁で顔を洗う」、「味噌汁は朝の毒消し」、「味噌汁の医者殺し」、「味噌の中の木端《こっぱ》」、「味噌の味変わればかまどが変わる」、「夏は酢味噌」など枚挙にいとまがない。

また味噌は、日常の用語にもよく現われてくる。「手前みそ」、「みそを上げる」、「みそをつける」、「みそっかす」、「みそっ歯」などがそれで、とにかく味噌は俗語にとても縁が深い。俗世の生活に密接につながるものが味噌だったので、これほど多くの俗語を生んだのであろう。

このような日本人の生活と味噌との深い関係は、唄《うた》にも影響を与えた。青森県の民謡「じょんがら節」の中に「味噌豆搗《つ》かれるも道理」や「胡麻味噌なんでもめでァ」があり、また「秋田音頭」に「味噌コであえたとサ」、「佐渡おけさ」に「佐渡の名物おけさとお味噌」、信州の「伊那節」に「おつけ（味噌汁）ゆえなら」がある。また熊本の「竹崎《たけざき》味噌搗歌」は、宇城《うき》市松橋町《まつばせまち》竹崎に伝わっている伝承歌で、歌とお囃子《はやし》の中で、味噌搗き場での嫁と姑《しゅうとめ》との問答が面白く演じられていく。このような味噌搗き唄は宮城県本吉《もとよし》地方にもある。

ところで伝承歌やわらべ唄などの中で、味噌が登場してよく知られているのは東京地方のわらべ唄である「ズイズイズッコロバシ」であろう。「ズイズイズッコロバシ胡麻味噌ズイ茶壺《ちゃつぼ》に追われてトッピンシャン抜けたらドンドコショ　俵のねずみが米食ってチュウ　チュウチュウチュウ　おっとさんが呼んでもおっかさんが呼んでも行きっこなしよ　井戸のまわりでお茶碗欠いたのだあれ」。江戸時代の作といわれているが、とにかく意味不明の不思議な歌で、もちろん作詞者も作曲者もわかっていない。一説によるとお茶壺行列（将軍にお茶を献上するため京の宇治《うじ》から江戸に向かう一行）から子供を守る歌だというが、それはさておいて、この歌の随所に出てくる胡麻味噌とか俵、茶碗など庶民生活に根ざした名詞こそが、歌の意味などわからなくても永く歌い続けられてきた精神的な要因になっているのではないだろうか。そう考えると、味噌というのは、昔からこの民族の心を支えてきた忘れ得ぬ永遠のもの、である。

一方、味噌の民話や伝説も全国にとても多く伝わっている。岩手県紫波《しわ》郡あたりに伝わる「大豆口説《くせつ》」は、大豆と小豆《あずき》がそれぞれ自分の持ち味の自慢をし合うというもので、大豆は悪鬼を払う節分の豆、公家や大名の味噌汁、胡麻や胡桃、山椒味噌、三年味噌のすばらしさを自慢している。

新潟には、米の神様と味噌の神様の掛け合いの話や、一ツ目の青入道と味噌の化物《ばけもの》とが村の御堂で騙《だま》し合いをする話などがある。岐阜県高山《たかやま》市の丹生川《にゅうかわ》には「味噌買い橋」という民話が残っている。長吉という男が、夢のお告げで味噌買い橋という橋のたもとに行って聞いた話をもとに、庭の木の下を掘ってみると、そこから金銀の壺が出てくるという目出《めで》度い話である。

愛知県岡崎市岩津《いわづ》町《ちょう》の畑の中に黒く焼け焦げたような大岩が十数個散在していて、これを昔から「味噌滓石《みそかすいし》」あるいは「味噌糟岩《みそかすいわ》」と呼んでいた。この石と味噌との関係が大和時代の物部《もののべ》氏にまつわるものとして伝説化されていて、とても歴史を思わせる長編的民話である。またこの岩にはもうひとつの伝説があって、そこに登場するのが白蛇と味噌汁の関わりである。

長崎県島原《しまばら》半島に伝わる民話は、味噌が大好きな大男がいて村人から「味噌五郎やん」と呼ばれていた。あるとき、嵐が来て村人の大切な船が何艘《なんそう》も沖に流されてしまう。それを見て、毎日味噌を食って力をつけていた味噌五郎やんは、海に飛び込みその船全部を海から引っ張り上げて、村人から感謝されたという話である。

このように、日本の各地には味噌を題材にした民話や伝説が多く伝わっているが、そのほとんどが味噌の持つ力、味噌の霊力を意識したかのような内容になっているのは注目すべきことである。おそらく毎日食べている味噌が、体にとても良いものであることを体験的に知っていた昔の人たちが、その味噌に畏敬の念を込めて物語ってきたのであろう。

8　味噌の保健的機能性

最近、味噌は体にとってとても良い食品だということがわかってきて、家庭のみならず老人食や学校給食にも頻繁に用いられるようになった。では、味噌のそのような保健的機能性とはどのようなものなのであろうか。ここではこれまで医学的、生理学的、栄養学的視野から味噌の持つ効能がさまざまな研究機関によって研究されてきたので、以下に解明されたことについて述べることにしよう。

まず、味噌に含有されているタンパク質は麦味噌で約一〇%、豆味噌で一八%前後と豊富で、昔から米やイモなどを主食としてきたデンプン主食型民族の日本人にとっては貴重なタンパク源であった。中でも、タンパク質を構成するアミノ酸はリジンやロイシンといった必須アミノ酸が多く、また粗食の日本人に不足していたビタミン類やミネラル類も豊富に含まれているため、日本人を栄養の面からも大いに助けてきた。発酵によって生じたリン脂質の一種レシチンは高血圧の予防に効果があり、またリノール酸は心臓や脳髄中の毛細血管を丈夫にする働きがあることがわかっている。

さらに昭和五十六年（一九八一年）十月の癌《がん》学会で、当時、国立がんセンター研究所の平《ひら》山雄《やまたけし》疫学部長は味噌汁の摂取頻度と胃癌死亡率との関係につき疫学調査を発表している。

それによると人口一〇万人当たり、味噌汁を毎日飲んでいる人とほとんど飲まない人とを対象として調査した結果、味噌汁の摂取頻度が高くなるほど、胃癌での死亡率は低くなることがわかった。さらに味噌汁を毎日飲む人は胃癌のほかに、全部位の癌、動脈硬化性心臓疾患、高血圧、胃、十二指腸潰瘍《かいよう》、肝硬変などの死亡率がそれぞれ低くなることが観察されている。

そしてその理由についても研究された結果、大豆に含まれるトリプシンインヒビターにはラットの皮膚発癌を打ち消す働きと、それによってラットの皮膚癌の進行を遅らせる働きのあることがわかった。またラットに皮膚癌を移植したうえ、味噌の不溶性残渣《ざんさ》を飼料の一部に置き換えて飼育すると回復はしないが、延命効果が認められ、ほかに味噌には肝臓癌予防効果があることもわかった。

変異原性物質と発癌性物質とは極めて密接な関係にあり、したがって食品に含まれる変異原に対してその作用を抑制するような抗変異原性物質には発癌を抑制する作用も期待できるが、味噌の脂溶性物質中にはその抗変異原性のあることが認められた。その後の研究でその成分は味噌中のリノレン酸エチルエステルであることがわかった。また、動物実験によれば味噌の不溶性残渣に抗腫瘍《こうしゅよう》性があり、さらに細菌を使用した実験では味噌の脂溶性物質（特にリノレン酸エチルエステル）に抗変異原性のあることが証明されている。

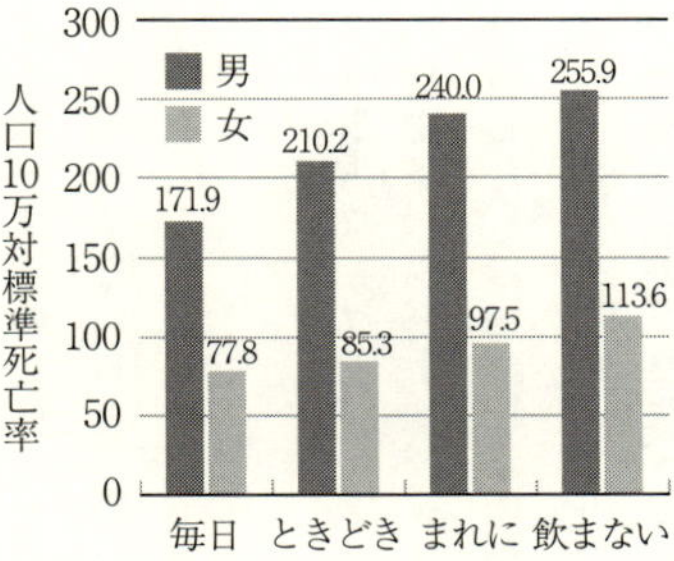

図26　味噌汁の摂取頻度と胃癌死亡率

一方、横浜市大の研究機関では胃内視鏡検査により味噌汁摂取習慣者と胃疾患を調べた結果、腹部症状を訴えて、胃内視鏡検査を受けた者（二四〇名）のうち、味噌汁摂取習慣の程度により、「毎日摂取する」「ときどき摂取する」「まったく摂取せず」の三群に分けると、ときどき摂取する、および毎日摂取するの二群に共通して胃疾患の少ないことが際だって多かったとしている。

以下にこれまでにわかってきた保健的機能性を別記しておく。

○味噌では大豆アレルギーが起こらない

食物アレルギーは、タンパク質やその分解途中のペプチドでは起こるが、アミノ酸にまで分解したものでは起こらない。大人はタンパク質を消化管でアミノ酸にまで分解して吸収するが、乳幼児では、消化分解する力が不十分だったり、消化管が未発達のため、アミノ酸まで分解しないままに、体内に吸収してしまい、アレルギーを起こしてしまう。

アレルギーを起こす原因となる物質をアレルゲンというが、乳児期の三大アレルゲンは、卵、牛乳、大豆である。

大豆に含まれるところのタンパク質の中で、一六種がアレルゲンであることがわかっている。その中でも最も頻度が高く、約六五％の人にアレルゲンとなっている成分が発見され、「Gly m Bd 30K」と命名された。これはダニアレルゲンと共通するアミノ酸の配列を持つものので、大豆にも存在する。

ところが、味噌、醬油、納豆などの大豆の発酵食品にはこのアレルゲンは検出されない。

その理由は、味噌が発酵熟成する間に、タンパク質分解酵素によってこの部分が約三ヶ月で分解されて、脱アレルゲン（アレルギーを起こさない物質）になるからだと考えられている。大豆やその製品の豆腐、油揚げ、おから、黄粉《きなこ》でアレルギーが起こるのに、味噌では起こらないのはこのためである。

○血中のコレステロールを下げる不飽和脂肪酸

味噌の脂質は大半が不飽和脂肪酸で、植物油や魚油にも多く含まれ、血中のコレステロール値を下げることはすでに定説となっている。大豆の脂肪にはリノール酸、リノレン酸が多く、これらは体内で合成できないため、食物から摂らねばならない。大豆油の場合は、一緒に含まれるレシチンやビタミンEやイソフラボンが加わることによって、より効果的に働くといわれている。

○メラニン色素の合成を防ぐ遊離脂肪酸

味噌が発酵していく間に、酵素の働きで脂肪酸とグリセリンが切り離される（遊離脂肪酸といわれる）。この遊離脂肪酸は、皮下でできるメラニン色素の合成を抑制する効果がある。メラニン色素は、体内のチロシンというアミノ酸から合成されるが、このときに働く酵素の作用を、味噌の遊離脂肪酸が阻害するからである。これは動物実験で証明されている。昔から味噌を扱う人は肌がきれいだといわれるのはこのためかもしれない。

○動脈硬化を防ぐ脂肪の一種、レシチン

レシチンは大豆や卵黄に含まれている脂質で、脂肪の分子の三つの脂肪酸の一つの代わりにリン酸とコリンが結合したものである。

血清中のコレステロール値の上昇は動脈硬化の原因となり、脳梗塞《こうそく》や心臓疾患、血栓症などを引き起こす。レシチンは、動脈硬化の予防に効果を発揮するという研究成果がある。

レシチンは脂肪でありながら水にも油にもなじむ性質を持っている（両媒性）。卵黄に含まれるレシチンが油と酢をつないでマヨネーズになるのはその例といえよう。

このレシチンは、体内でも油に溶けないタンパク質と結合し、HLDや、LDLというコレステロールの運搬役をつくる。身体に必要な細胞やホルモンをつくるコレステロールを運ぶ働きをするのがLDL。しかしこれらのコレステロールも多すぎると動脈の壁に沈着して動脈硬化の原因になるので、この余分なコレステロールを肝臓に持ち帰るのがHLDである。余分なコレステロールは胆汁から排泄《はいせつ》されるが、肝臓でもレシチンはコレステロールと結合して、胆汁の中へ排泄する。このようにレシチンは、コレステロールの運搬や排泄になくてはならぬ物質なのである。

レシチンの成分であるコリンは、体内で分解されてアセチルコリンとなる。これは脳の刺激、興奮を伝達する重要な物質であるが、アルツハイマー型認知症の人は、アセチルコリンの合成が低下しているといわれている。

○大腸癌を防ぐ効果のある大豆の食物繊維

大豆には食物繊維が、牛蒡《ごぼう》やさつま芋、キャベツよりも多く含まれている。食物繊維というのは、人間の消化酵素が分解できないものの総称である。草食動物は、繊維を消化する消化酵素を持っているので、草や藁《わら》だけ食べていても生きていけるが、人間は食物繊維をエネルギー源として利用することができず、残りを便として大腸から排泄する。

細菌は人間の胃や小腸では繁殖できないが、大腸には有益な菌や有害な菌が約三〇〇種類、一〇〇兆個が棲息している。

便は大腸内に長く留《とど》まると、これらの菌によって、腐敗したり有害な物質を発生したりする。そのため、便は短時間で排泄されることが望ましい。

大豆に含まれる食物繊維は水に溶けないものが多く、繊維は水分を吸収して膨張し、便通をうながす。大腸癌の原因となる有害物質や余分な脂質の排泄に役立つのである。

○腸内のビフィズス菌を増やすオリゴ糖

大腸に多く含まれるオリゴ糖の「オリゴ」は「少数」という意味で、ブドウ糖、果糖などの単糖類（糖の一番小さい単位）が少数結合しているものをオリゴ糖という。人間はこのオリゴ糖を消化できず、大腸まで送る。大腸内にいる有害な腐敗菌や大腸菌はオリゴ糖を利用しないが、有害菌を抑えるビフィズス菌はこのオリゴ糖を選んで、栄養源にして繁殖している。歳をとるとビフィズス菌が減ってくるので、毎日の味噌汁など、味噌に含まれる大豆を通じてオリゴ糖を摂取することは、腸内環境をよくすることにつながることになる。

○味噌のビタミンEは酸化を防止し、食品の保存効果が大きい

味噌は、他の食品に比べてビタミンEの含有量が高い。ビタミンEは現在、老化防止のビタミンとして重要視されている。もともと欠乏すると、ネズミが不妊症になる物質として発見された。種子類、大豆に含まれる脂溶性のビタミンで、他の食品には少ない。

味噌の原料となる大豆にも、ビタミンEが多く含まれているため、味噌にもビタミンEが多い。

体内では、ビタミンEは全身の細胞に含まれる脂質の酸化を防止する。すなわち、老化を

防ぐビタミンとして注目されている。その上、味噌にはサポニンやレシチンや良質のタンパク質など、老化を防ぐ有効な成分が他にもあり、これらとの相乗効果がみられる。

不飽和脂肪酸を含む油は酸化しやすいが、大豆がこれを含んでいても酸化しにくいのは、ビタミンEが存在するためである。ちなみにビタミンEはバターや他の食品にも酸化防止剤として使われている。

魚や肉の味噌漬が塩漬よりは保存がきくのも、大豆のビタミンEによって酸化しにくいためである。なお、熟成期間の長い味噌ほどより効果的だという。

○血圧上昇抑制

追跡調査により一日二杯以上の味噌汁の摂取が高血圧を有意に抑制したと報告されており、疫学的には味噌は血圧を上げないと考えられている。またラットに味噌を投与した試験では、血圧の上昇が認められず、血圧上昇作用を持つポリペプチドであるアンジオテンシンを生成するアンジオテンシン変換酵素（ACE）を阻害するポリペプチドが味噌の中に存在すると考えられている。

○放射線防御効果

長崎で被爆した医師秋月辰一郎《あきづきたついちろう》氏は、自身に原爆症が発症しなかった原因として「ワカメの味噌汁」があったのではないかと述べている。これが翻訳され、チェルノブイリの原発事故（一九八六年）後にヨーロッパの放射能汚染地域で味噌の需要が突如高まり、日本からの味噌の輸出が爆発的な伸びを示したことがある。

マウスにX線照射を行った試験では、味噌の熟成期間が長いほどマウスの生存日数や小腸腺窩《せんか》再生が増加したと報告されている。味噌のどの成分がどのように働いて放射線防御作用を起こすかは明らかになっていないが、多糖類や香り成分のピラジンなどが放射性物質と結合し、排出が促進されるのではないかと推察されている。これらの研究は、広島大学原爆放射線医科学研究所の渡邊敦光《わたなべひろみつ》名誉教授らによるもので、マウスに一〇グレイ（胃のX線検査時の数万倍）の放射線を浴びせると二週間以内で消化管の壊死《えし》が起こり死に至るが、この被曝《ひばく》マウスに味噌を投与するとその防御効果は著しく高まり、壊死細胞が回復することを最近多くの学会誌に発表している。

○抗腫瘍性と抗変異原性

味噌を食べる人は胃癌が減少することが報告されていることはすでに述べたが、国立がんセンターを中心に行われた多目的コホート研究では、味噌汁および大豆製品に含まれるイソフラボンの摂取量と乳癌の関係について、一日三杯以上味噌汁を飲む人で乳癌の発生率が減少したと報告されている。また、味噌を含む飼料を与えたラットでは胃癌の発生率が低く、発生した胃癌も小さかったと報告されている。これらは、味噌中のタンパク質、イソフラボンなどの成分によるものではないかと推測されている。

味噌に含まれる脂溶性物質であるリノレン酸エチルエステルなどの不飽和脂肪酸エステルが抗変異原性の有効成分であることが認められている。また、味噌に含まれるピラジン類、フルフラール類、グアヤコールについても抗変異原性を示すことが確認されている。さらに、調理・加熱中に生じる変異原物質（ヘテロサイクリックアミン）の生成を味噌が防ぐことも確認されている。

なお、最後に述べておくと、味噌汁は食塩を含むため血圧を上げるのではないかと心配される。

表12　1回の摂取量に含まれる塩分量

食品	1食量	塩分量
清汁（汁のみ）	1杯　150cc	1.2g ～ 1.5g
味噌汁（汁のみ）	1杯　150cc	1.2g ～ 1.5g
炊込御飯	茶碗1杯分　150g	0.8g
すしめし（具なし、めしのみ）	米80g（カップ1/2）	1.5g
インスタントラーメン	1食分	5g ～ 6g
トマトジュース	1缶（190cc）	0.7g ～ 0.95g
焼かまぼこ	約1/3枚（50g）	1.5g
梅干し	中1個	2.0g
うるか	大さじ1（10g）	1.8g
イカの塩辛	〃	1.4g
塩鮭	1切（70g）	5.7g
たくあん漬	3切（30g）	2.1g
いわし丸干し	中2尾（40g）	7.4g

しかし、味噌の食塩濃度は一二％程度で、味噌汁にすると多くは一％程度（味噌汁一杯当たり約一・四グラム）である。これは他の食品の一回の摂取量と比較しても必ずしも多くはない。また近年の研究では、味噌の摂取によって血圧は上昇しないと報告されている。古くから日本人の食文化を支えてきた味噌の保健機能に着目して積極的に味噌や味噌汁を摂取することを勧めたい。

9 味噌の現状とこれから

味噌の出荷数量は平成二十六年（二〇一四年）で約四二万トンで、一五年ほど前に比べると微減してきたものの、ここ数年は比較的安定して推移している。家庭における国民一人当たりの平均購入数量は年約二キログラムで、この数量もここ数年ほぼ安定的に推移している。

しかし、最近の味噌の消費は家庭で使われるだけにとどまらず、全国の夥しい数のラーメン店で提供される味噌ラーメンでの需要や、加工では即席味噌ラーメン（カップ麺）、味噌ドレッシングといったものにも使われており、これらの潜在的消費量を加えると、味噌の人気はいまだ健在といえよう。

表13　味噌の種類別出荷数量

西暦	種類別出荷数量（トン）								合計
	米味噌		麦味噌		豆味噌		調合味噌		
	数量	比率(%)	数量	比率(%)	数量	比率(%)	数量	比率(%)	
2000年	394,588	78.2	32,787	6.5	25,985	5.2	51,105	10.1	504,465
2001年	386,442	78.2	31,954	6.4	25,226	5.1	50,683	10.3	494,305
2002年	384,084	78.6	29,694	6.1	25,760	5.3	48,838	10.0	488,376
2003年	375,058	78.3	28,383	5.9	26,095	5.4	49,291	10.3	478,827
2004年	372,534	78.2	27,268	5.7	26,294	5.5	50,403	10.6	476,499
2005年	367,752	78.0	26,756	5.7	26,178	5.6	50,626	10.7	471,312
2006年	366,810	78.2	25,946	5.5	25,919	5.5	50,401	10.7	469,076
2007年	368,032	78.5	25,224	5.4	25,157	5.4	50,397	10.7	468,810
2008年	362,483	79.0	24,097	5.3	24,703	5.4	47,528	10.4	458,811
2009年	355,523	80.0	22,810	5.1	23,416	5.3	42,857	9.6	444,606
2010年	345,739	79.9	21,589	5.0	22,551	5.2	42,855	9.9	432,734
2011年	345,850	80.2	21,371	5.0	21,892	5.1	42,010	9.7	431,123
2012年	341,965	80.4	20,597	4.8	21,551	5.1	41,395	9.7	425,508
2013年	337,437	80.6	20,060	4.8	20,767	5.0	40,321	9.6	418,585
2014年	336,892	80.7	19,691	4.7	20,724	5.0	40,037	9.6	417,344

（全国味噌工業協同組合連合会資料より）

和食がユネスコ無形文化遺産に登録されるなど、日本食は今、海外で大いに人気を呼び話題となっているが、海外での味噌の需要はどうなっているのであろうか。実は輸出量は近年伸び続けており、最近ではついに一万トンを優に超え、輸出金額も二五億円を突破している。

最も多い輸出先はアメリカで、次いで韓国、台湾と続いている。アメリカでの場合、その納入先の大半は日本食レストランで、使われ方は味噌汁のほか、和え物、煮物、田楽、サラダドレッシングなどである。おそらく今後、海外では和食および味噌への健康志向とも相俟《あいま》って、さらに需要が伸びるも

表14　味噌の輸出実績

西暦	数量（トン）	前年比	金額（千円）	前年比
1977年	1,012		260,314	
1978年	1,081	107%	278,121	107%
1979年	1,282	119%	324,623	117%
1980年	1,379	108%	353,328	109%
1981年	1,524	111%	421,278	119%
1982年	1,708	112%	506,481	120%
1983年	1,609	94%	447,160	88%
1984年	1,842	114%	500,323	112%
1985年	1,868	101%	514,442	103%
1986年	2,024	108%	532,526	104%
1987年	2,071	102%	496,251	93%
1988年	2,173	105%	525,189	106%
1989年	2,415	111%	582,305	111%
1990年	2,781	115%	671,951	115%
1991年	2,771	100%	719,511	107%
1992年	2,972	107%	776,633	108%
1993年	2,993	101%	771,011	99%
1994年	3,433	115%	868,321	113%
1995年	3,625	106%	848,415	98%
1996年	3,987	110%	904,695	107%
1997年	4,243	106%	962,040	106%
1998年	4,531	107%	982,586	102%
1999年	5,175	114%	1,080,279	110%
2000年	5,797	112%	1,160,251	107%
2001年	6,182	107%	1,284,477	111%
2002年	6,162	100%	1,306,560	102%
2003年	6,425	104%	1,333,605	102%
2004年	7,278	113%	1,496,936	112%
2005年	7,755	107%	1,595,306	107%
2006年	8,747	113%	1,771,476	111%
2007年	9,252	106%	1,830,415	103%
2008年	9,882	107%	1,989,603	109%
2009年	9,818	99%	2,024,571	111%
2010年	10,240	104%	2,098,062	104%
2011年	10,503	103%	2,130,476	102%
2012年	10,083	96%	2,068,030	97%
2013年	11,816	117%	2,433,684	118%
2014年	12,301	104%	2,515,105	103%

（財務省「日本貿易月報」より）

のと考えられている。

現在、日本には味噌を専門に製造する業者ならびに醤油も併せて醸造する業者を合わせると約九六〇社になっている。わずかながら減少の傾向にあるが、総出荷量にこの数年大きな変化がないところから、廃業者のそれまでの生産量はそのまま他の製造業者に移っているのが現状である。

表15　味噌の輸出先（2014年）

順位	仕向先国	数量（kg）	比率
1	アメリカ	3,789,859	30.8%
2	大韓民国	1,173,620	9.5%
3	台湾	865,505	7.0%
4	タイ	791,890	6.4%
5	カナダ	747,131	6.1%
6	オーストラリア	554,397	4.5%
7	フランス	505,469	4.1%
8	シンガポール	501,235	4.1%
9	香港	458,588	3.7%
10	中国	414,782	3.4%

（財務省「日本貿易月報」より）

表16　全国の味噌製造業者数

年度	味噌専業者	味噌・醤油兼業者	合計
2003年	453	815	1,268
2005年	401	732	1,133
2006年	400	718	1,118
2007年	371	737	1,108
2008年	360	720	1,080
2009年	334	705	1,039
2010年	325	709	1,034
2011年	329	657	986
2013年	321	637	958

（全国味噌工業協同組合連合会資料より）

味噌は今、国民の健康志向感からあらためてそのすばらしさが見直され、また発酵食品への幅広い関心から学校給食でも頻繁に味噌汁や味噌煮が出されるようになった。これからは、さらに食事教育などを通じて、子供に早い時期から味噌の風味を教え、大人になってからも、一生涯味噌を食べて日本人を満喫できるような、幸せな民族になって欲しいものである。

第三章　酢の話

1 「酢」とは

「酢」とは約三〜五％の酢酸《さくさん》を含む酸味のある液体調味料である。米や麦、果実などを原料として酢酸菌で発酵させて造る。

酢を知った人類は酢があれば、食べものや料理にすっきりとした酸味を付与することができ、酢漬けにすると酢には防腐効果があるので保存でき、そのうちに体にとって良いものであることを体験的に知ると、酢は料理のみならず飲料としても嗜好されることとなった。

日本では調理時に二杯酢、三杯酢などといって用い、それを使ってさまざまな「酢のもの」ができ、炊いた飯に加えて「鮨飯《すしめし》」としたりする。また世界的にはピクルスや鰊《にしん》漬《づ》けのような漬物、マヨネーズやドレッシング、ケチャップのような加工調味料に多く使われている。

英語で食酢のことをビネガー（vinegar）というが、その語源はフランス語のビネグル（vinaigre）で、これは **vin**（ブドウ酒）＋ **aigre**（酢っぱい）、すなわち「酸っぱいワイン」である。このことからもわかるように、酢は酒からできる。正確にいえば酒の中のエチルアル

$$\underset{\text{（ブドウ糖）}}{C_6H_{12}O_5} \xrightarrow[-2CO_2]{\text{（酵母）}} \underset{\text{（エチルアルコール）}}{2C_2H_5OH} \xrightarrow[(-H_2O)]{\text{（酢酸菌）}} \underset{\text{（酢酸）}}{CH_3COOH}$$

図27　酢酸の生成

コールが酢酸菌で発酵されて酢酸が生じるわけで、多くの発酵がブドウ糖を起点とするのに対し、酢酸菌は酒が大好きなようで、エチルアルコールに作用して酢をつくるのは面白いことである。

　このように、食酢は酒のエチルアルコールに酢酸菌が作用して酢酸ができるために酸っぱい味となるのである。代表的な酢酸菌はアセトバクター・アセチ（*Acetobacter aceti*）で、その単菌の大きさは〇・三ミクロン（一ミクロンは一〇〇〇分の一ミリメートル）ほどであるから目に見ることはもちろんできず、一五〇〇～二〇〇〇倍の顕微鏡でやっと見えるくらいである。空気中には無数の酢酸菌がいるから、酒の管理をちょっと油断しただけで、酒が酢に変身してしまったなどということは、昔から少なくなかった。だから酢酸菌によって酢になってしまった酒のことを中国では「苦酒《クオウチュウ》」、日本では「酸酒《からさけ》」、西欧では「酸っぱいブドウ酒」（ビネガー）と呼んでいたわけである。

　紀元前五〇〇〇年ころのバビロニアには食酢《しょくず》があったとされ、古代中国では周《しゅう》の時代、日本では応神《おうじん》天皇の時代（五世紀初頭）に造られ、食されていたというのであるから実に歴史の古い嗜好食品である。日本の場合、大化改新後、「造酒司《さけのつかさ》」が置かれ、酒や醤《ひしお》の類とともに宮廷用の酢も造られていた。

酢は酒（のアルコール）からできるから、世界の諸地域にはそれぞれ伝統的な酒に対応する酢があるのは今も昔も変わらない。フランス、イタリア、スペイン、ポルトガルなどのワイン産出地域ではワインビネガーが、ドイツ、イギリス、北欧、アメリカなどの麦芽を使う酒造りの国にはモルトビネガー（麦芽酢）が、そして日本のように米を原料として酒を造る国には米酢や粕酢《かすず》などがあるということになる。

なお「酢」というと、さまざまな出版物には単に「酢」と書いたり「食酢」と記した二通りの語句を見る。これは酢は「酢酸」という化合物でできていて、その酢酸はさまざまな化学工業にも使われているから必ずしも口に入るだけのものではない。そこで食べものの加工原料の一部になったり、料理に使われる酢酸は「食酢」と表現しているのである。しかし、「酢」といえば昔からいちいち「食酢」と丁寧に言う人はあまりいないので、本書では食べる酢は従来通り「酢」で表わすことにした。

2　日本の酢の歴史

酢の歴史は、酒の歴史と同じであるから極めて古い。酒に含まれるエチルアルコールが酢酸菌によって酢酸発酵を受け、酢酸、つまり酢ができる。したがって酒がなければ酢ができない。逆に酒があれば酢はできるから、酢の歴史は古いのだ、ということである。紀元前五〇〇〇年もの昔に、すでにバビロニアではブドウ酒（ワイン）があり、紀元前三〇〇〇年ごろには古代エジプトで麦の酒（ビールの原形）ができていたといわれるので、もうそのときには、チグリス・ユーフラテス川下流やナイル川沿岸地域では酢があった。また古代中国の王朝周のときに、すでに酢（醋）があったことは『周礼《しゅらい》』に記されている。おそらく麦や高粱《コーリャン》の酒から酢を造ったのであろう。

我が国における酢の歴史を述べる前に、実は酢のような酸味を付与してくれる食べものは、古代から地球上の至るところに自生していた。それは柑橘《かんきつ》類で、人類は誕生と同時に、それよりも遥か以前から地球上にあったこの果実の酸味を当然口にしていたのである。ライム、レモン、シトロン、ブンタン、ダイダイ、オレンジ、ポンカン、カボス、タンカン、ユズ、シークヮーサー、カラタチ、キンカンなどで、日本ではこのような果実を古くから橘《きつ》、柑《かん》、柚《ゆず》、橙《だいだい》、枳《からたち》に分け、江戸時代中期にはこれらを総称して「柑橘」としている。昔は虫除《むしょ》けや解毒、薬用などに広く用いられていたが、生食用としては強い酸味と適度な甘味が好まれて、全地球的に賞味されてきた果実である。今日でも柑橘類の酸味は世界中で使われているが、この柑橘類を搾った汁は「食酢」の中には入らない。だが、これを醬油と合わせたものを「ポン酢」といったりして、調味料として愛好されている。ただ、ここで注意しなければならないのは、後述するが、食酢の種類の中に「果実酢」というものがあることだ。よくこの酢のことを柑橘類を搾った汁と思う人がいるがそれは間違いで、リンゴやブドウなどの果実を原料にしてアルコール発酵を行い、得られた酒を酢酸菌で発酵させた食酢のことであるから混同しないように。なお、そのような果実の搾り汁を木に生《な》る酢と洒落《しゃれ》て「木酢《きず》」と呼ぶこともある。

さて、日本の食酢の最初は、飛鳥時代の大化元年（六四五年）の大化改新のとき、「造酒《さけの》司《つかさ》」が置かれ、そこで酒や醤《ひしお》、酢が造られたという記述である。とにかくこのころから平安期にかけての古文書、例えば東大寺の『正倉院文書』や「大宝律令」、『本草和名《ほんぞうわみょう》』、『令《りょうの》義解《ぎげ》』、『日本三代実録』、『延喜式』などを見ると、「醤」、「未醤《みしょう》」、「滓醤《かすびしお》」、「鯛醤《たいびしお》」、「美《み》蘇《そ》」、「比之保《ひしお》」、「荒醤《あらひしお》」、「豉《くき》」、「醢《かい》」などの字が頻繁に出てくる中で、天平九年（七三七年）の『豊後国正税帳《ぶんごのくにしょうぜいちょう》』（「正税帳」というのは、律令制に基づき、各国で毎年作成された決算報告書。国の税収や支出を記載し、中央の行政命令に従って行われた報告書）に「酢漆七斛《こく》五斗」の記述が見える。このころから「酢」の字がしばしば現われる。日本初の分類体漢和辞典である『和名類聚抄《わみょうるいじゅしょう》』（九三一～九三八年）には、「酢《す》」、「酢滓《すおり》」、「吉酢《よしず》」、「糟交酢《かすこめず》」、「市《いち》酢《ず》」と、食酢に関わる用語が多く出てきて、それを解説している。

そこには食酢のことを「苦酒《からさけ》」と呼ぶことが記されてあり、「その造り方は蒸した米に糵《げつ》を加えて酒を造り、それで酢を醸した。米二石八斗五升から酢二石五斗六升五合を造った」ということが別記されている。糵とは「よねのもやし」、すなわち米麴であるから、米酢のことである。また天平十一年(七三九年)の『伊豆国正税帳《いずのくに》』には、古い酒が腐敗して酢っぱくなったので、それを酢とし、その分の原料を酒と分けて計上したようなことが記されている。とても詳細に酢のことが記述されていて、そこからは、当時、酢はかなり技術的にも進歩していたことが読みとれる。

『和名類聚抄』に出てくる酢について見てみると、「酢」は食用の酢、「酢滓」はその酢を搾りとった残りの滓のこと、「吉酢」は上等な酢のこと、「糟交酢」は酢に滓(糟)の交じった濁ったような酢のこと、「市酢」は市中で売られていた酢のことである。

それらのことからわかることは、奈良時代の酢は米による米酢、酒による酒酢であった。米酢は酒を造る目的ではなく、最初から酢を造る目的で醸した酢、酒酢は、一度酒にしたものが酢っぱくなってしまったような酢のことであったのだろう。具体的な記述はないが、この外に柑橘類や梅の実、山ブドウなどの果汁を酸味に利用していたことも当然考えられる。

『万葉集』巻十六に「醬酢《ひしおす》に蒜《ひる》搗《つ》き合《か》てて鯛願《たいねが》ふ吾《われ》にな見せそ水葱《なぎ》の羹《あつもの》」という長忌寸意吉麻呂《ながのいみきおきまろ》の歌がある。醬酢とは醬油と酢のことで、歌意は「野蒜《のびる》を刻んで加えた醬油と酢で鯛を食いたいと思っていたのに、水葵《みずあおい》（古名は水葱《なぎ》）の煮物とは勘弁してくれよ」というものである。

平安時代の酢のことは、主に『延喜式』に記述例が多く、とりわけ酢の造り方が詳しく記されている。「酢一石料、米六斗九升、糵《げっ》四斗一升、水一石二斗」とあり、酢一石を造るのに米六斗九升、米麴四斗一升、水一石二斗を用いて毎年六月に仕込む、と記述されている。

室町時代に入ると、酢の名産地まで登場する。『庭訓往来《ていきんおうらい》』に「備後酒、和泉《いずみ》酢、若狭椎、宰府栗《さいふくり》」とあり、「和泉酢」が名物であるとしている。そして狂言記の『酢薑《すはじかみ》』にはその和泉酢を売り歩く行商人が次のように登場したりする。「罷《まか》り出《いで》たるは、山城の国はじかみ売りで御ざる。罷り出たるは和泉の酢売りで御ざる。また今日もあきないに参らうとぞんずる。やれさて一段のひよりに、であはせたる事かな、先づ売りませう」。その和泉酢については『和泉名所図会《ずえ》』に「名産和泉酢山直《やまたべ》郷新在家村より出る」とあり、その醸造所が特定されている。以後、酢の名産地として文書に登場してくるところとしては駿河国善徳寺《するがのくにぜんとくじ》酢（『毛《け》吹草《ふきぐさ》』）、那賀《なが》郡粉河《こかわ》村産の酢（『紀伊続風土記《きいぞくふどき》』）、尾張の半田《はんだ》酢（『扶桑《ふそう》名処名物集』）、京 衣《ころもの》棚丸太町《たなまるたちょう》上壺屋八右衛門の酢（『京羽津根《きょうはつね》』）、京山城の伏見《ふしみ》酢（『雍州府志《ようしゅうふし》』）などの他に相模《さがみ》の中原《なかはら》酢や摂津《せっつ》の北風《きたかぜ》酢、紀伊の粉河酢などが登場してくる。

江戸時代には、酢はますます消費されるようになり、とりわけ江戸では酢も問屋仲間の手によってどんどん売られていく。当時の酢造りは『雍州府志』（一六八二〜一六八六年）や『日本山海名産図会』（一七九九年）などいくつか見られるが、中でも『本朝食鑑《ほんちょうしょっかん》』（一六九七年）が詳しい。そこに記されている文章を要約してみると次のようである。

「酢の製造は酒の場合と同様、仲秋八月（旧暦）に始まる。まだ搗《つ》かぬ黒粳米《くろうるち》を蒸して強飯《こわいい》を作り、温いうちに麹を加えてよく混ぜ、桶に入れて木蓋をし、その上から清水《しみず》を注いでそのまま静かに置く。七日ごとに竹竿《たけざお》でよくかき混ぜ、二十七、八日後に、その桶に蓋をして紙や藁、縄などで密封し、五〇日から七〇日置いて熟すのを待つ。こうして熟した酢は、一たん鉄の古鍋に入れて煮立たせたあと、甕《かめ》に入れ蓋をした上で、日の当たる所へ置いて収蔵する」

江戸時代、街で酢を扱う店は特異な看板を揚げる習わしだった。その看板には三種類あって、最も多かったのは、酢を入れる甕の形を板に彫ったもので、これは『人倫訓蒙図彙《じんりんきんもうずい》』（一六九〇年）に描かれている。また竹を編んで簀《す》をつくり、それを一年中軒先に掛けておいたものもあり、酢を簀に掛けて洒落たものである。いまひとつは面白く、底のない水嚢《すいのう》（底に網を張った篩《ふるい》）を軒に吊り下げただけのものである。昔は弓の練習のときの的に水嚢をぶら下げたものを使っていて、それに当たらないで外れた矢を素矢《すや》といっていた。つまり「素矢」と「酢屋」を掛けたわけである。

『万金産業袋《ばんきんすぎわいぶくろ》』（一七三二年）によると、江戸市中では当時から市民の人気銘柄があって、このころ最高の人気の酢は「北風酢」だとある。当時江戸の酢の値段は上等な尾張産の一升が二八文に対し摂津産「北風酢」は一升四八文と二倍近い値が付いていた。江戸時代は年代や社会情勢によって物の値段は異なっていただろうが、そう大きくずれのない米の値段（米

図28　酢屋の看板　酢を入れる甕の形を板に彫ってある。『人倫訓蒙図彙』より

図29「北風酢」の看板　店先にある木桶は10石入り。「北風酢颪」と見えるのは、当時江戸で評判をとっていた「北風酢」を売っているという目印。「颪」は風のこと。当時江戸ではなまぬるいのを南風、きついことを北風と称していたので、効きの強い酢ということで「北風酢颪」と看板に書いたのである

一石＝一両）を基準に計算してみると、以下のようになる。現在の米の値段は一キログラム＝五〇〇円とすると、一石＝一五〇キログラム＝七万五〇〇〇円。江戸時代の米は今の米より五割ほど高かったと思われるのでその分を上乗せして一一万〜一二万円。とすると金一分＝三万円、金一朱＝七五〇〇円、銀一匁＝二〇〇〇円、銭一貫文＝三万円、銭一文＝三〇円となる。すると酢一升を二〇文とすれば六〇〇円ということになる。尾張上等酢は八四〇円、摂津北風酢は一四四〇円ぐらいと考えてみた。この一両＝一二万円とした計算で他の物品を計算してみると日本酒一升一五〇文（四五〇〇円）、風呂屋八文（二四〇円）、菜種《なたね》油一合四〇文（一二〇〇円）、蕎麦一杯一六文（四八〇円）、握り寿司一貫八文（二四〇円）、納豆四文（一二〇円）、吉原《よしわら》の太夫《たゆう》揚げ代一両二分（一八万円）、日本橋《にほんばし》から新吉原までの駕籠《かご》代二〇〇文（六〇〇〇円）ぐらいとなる。そうすると、並酢一升六〇〇円は安いかもしれない。

江戸に入ってきた酢の大半は醤油や味噌と同じく菱垣廻船《ひがきかいせん》や樽廻船を使って上方《かみがた》方面から海上輸送されたものであった。中でも和泉酢で有名な泉州《せんしゅう》には堺という一大商業港があって、ここで多く船積みされて江戸に向かった。また江戸中期の文化元年（一八〇四年）には、今の愛知県半田市で初代中埜又左衛門《なかのまたざえもん》によって酒粕を原料とした画期的な酒粕酢が考案されると、今度は大量に優秀な酢が半田港や武豊《たけとよ》港から積み出された。酒粕には、アルコール分が八％近く残っているので、アルコール発酵せずともこの粕に含まれているエチルアルコールに酢酸菌を作用すれば、酒粕のうま味を伴った美味しい酢が得られるという食酢革命のような発想だった。ちょうど江戸では、人口急増にともなって日本酒の需要がどんどんと伸び続け、粕酢の原料となる酒粕も大量に出てくるので好都合でもあったのだ。また、そのころより、いわゆる江戸前の握り鮨が流行しだして（このことについては後で詳しく述べる）、酢の需要もさらに増えてきたのであった。

明治時代に入ると、今度はそれまでの勘に頼った酢造りに科学に支えられた技術が加わり、原料の処理法や使用する酢酸菌の知識、衛生面の改善など、それまでとはまるで違った酢の醸造が始まった。そして全国に鉄道が敷かれ、道路が整備されると輸送力は飛躍的に発達し、酢の運搬は船から汽車、そして自動車に代わっていく。こうして大正、昭和を経て、今の平成になったが、この間、酢の業界は大変貌した。全国に点在していた酢屋はどんどん姿を消し、一方では東海、関西、関東に工業的規模で大型の食酢製造会社が発展し、今日を迎えている。

そして近年は、日本人の食生活が日増しに欧米化し、それにともなってマヨネーズやドレッシング、ケチャップといった酢を原料の一部に使う調味料も店頭を賑《にぎ》わし、さらにポン酢、土佐酢、ゴマだれ酢などの加工酢も家庭の食卓で当たり前に見る調味料になった。こうして日本の酢は、奈良時代から平成の今に至るまで、日本人に美味しい酸味を届け続けて今日に

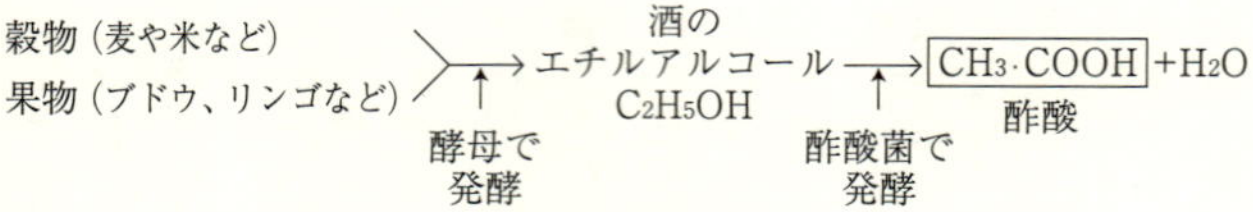

図30　酢酸の生成

至っている。

3　酢の造り方と種類

前にも少し述べたが、酢は酒に含まれるエチルアルコールに酢酸菌が作用してできる酸味を有した発酵調味料である。その原理は、まず原料となる穀物のデンプンを分解（東洋では糸状菌〔麴菌〕、西欧では麦芽の持つ糖化力《アミラーゼ》でブドウ糖や麦芽糖にする）して糖にする。一方、果実には初めからブドウ糖や果糖が含まれている。その糖分を含む液にアルコール発酵を行う酵母が作用すると、エチルアルコールを含む酒が出来上がる。穀物原料だと日本酒やビールなど、果物だとワイン（ブドウ酒）やリンゴ酒などである。その酒に、今度は酢酸菌を作用させると、飲ん兵衛な酢酸菌が、酒のエチルアルコールを自らの菌体に取り入れて酸化し、酢酸にしてから菌体外に排泄したのが酢である。

そのため酢酸発酵の主役である酢酸菌には、何と言ってもエチルアルコー

表17　JASによる食酢の分類と規格値

分類				主原料の使用量	酸度
食酢	醸造酢	穀物酢	穀物酢	穀物の使用量が1ℓ中40g以上のもの	4.2%以上
			米酢	穀物酢であって米の使用量が1ℓ中40g以上のもの	
		果実酢	果実酢	果実の搾汁の使用量が1ℓ中300g以上のもの	4.5%以上
			リンゴ酢	果実酢であってリンゴの搾汁の使用量が1ℓ中300g以上のもの	
			ブドウ酢	果実酢であってブドウの果汁の使用量が1ℓ中300g以上のもの	
		醸造酢	醸造酢	穀物酢・果実酢以外の醸造酢	4.0%以上
	合成酢	合成酢		醸造酢の使用割合が60%以上であること（業務用は40%以上）	4.0%以上

ルを酢酸に変える力の強い菌、つまり酸化力の強い菌が必要になり、今は研究の発展により、それにふさわしい酢酸菌が育種され、使用されている。その主要な菌はアセトバクター・アセチやアセトバクター・ランセンス（*Acetobacter rancens*）、アセトバクター・オキシダンス（*Acetobacter oxydans*）、アセトバクター・インダストリウム（*Acetobacter industrium*）などで、これらの菌は、エチルアルコールの酸化力が強いだけでなく、爽《さわ》やかな酸味やマイルドなうま味、上品な酢の香りを生産する菌たちなのである。菌の大きさは〇・七〜〇・八ミクロンである。

酢にはさまざまな種類があり、その区別は日本農林規格（JAS）で厳しく決められている。まず食酢は「醸造酢」と「合成酢」に二分され、前者は原料を酢酸菌で酢酸発酵したもので、いっさい添加物がないもの、後者はその醸造酢にコハク酸やグルコン酸、クエン酸、糖、食塩、アミノ酸類、香料などを混和して造った酢（醸造酢の使用割合が六〇％以上と決められている）のである。その「醸造酢」には「穀物酢」、「果実酢」、「醸造酢」の三種があり、「穀物酢」はさらに「米酢」（米を原料として造った酢）と「穀物酢」（米以外の穀物で造った酢で粕酢を含む）に分けられている。「果実酢」は果実を原料にして生産した酢、「醸造酢」は「穀物酢および果実酢以外の醸造酢」である。以下にそれぞれの代表的な酢について、その概略を述べる。

米　酢

米酢の原料は白米やその砕米《さいまい》などを用い、まず麹をつくる。その米麹と蒸米《むしまい》、水を混和し、糖化する。それを冷却してから酵母を加えてアルコール発酵を行う。発酵が終わったら圧搾、濾過《ろか》をし、その液に種酢《たねず》を加えて酢酸発酵を行い、以後は熟成させて製品とする。製造工程を図に示したが、ここで「種酢」というものを加えることの重要さを述べる。種酢は酢酸発酵を行うための種菌《たねきん》（スターター）のことである。他の有害細菌の侵入の前に、一刻でも早く大量の酢酸菌を仕込み直後の醪《もろみ》に繁殖させることは、安全で優秀な酢酸を得るための重要な手法である。そこで、例えば日本酒四、殺菌した食酢六、温水四の割合で混ぜ合わせた培養液に、酢酸菌をあらかじめ摂氏三五〜四〇度で培養すれば、二〜三日後には培養液面に薄

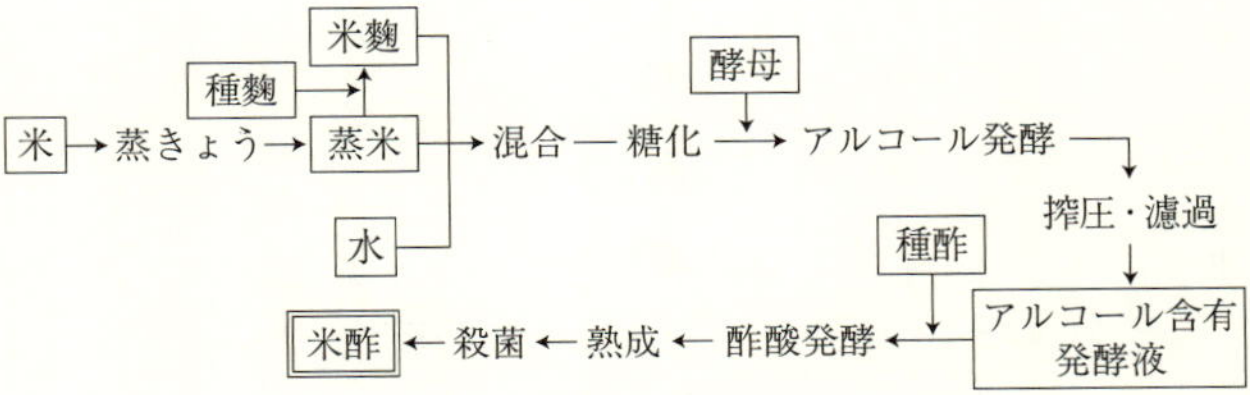

図31　米酢の製造工程

い菌膜（酢酸菌の集合体）をつくり、七〜一〇日もすれば酸度は五%にも達する。その種酢をアルコール含有発酵液に添加すれば、圧倒的な酢酸菌の数は速やかにそこで発酵し、すばらしい酢ができるのである。しかし、毎回、このような培養液をつくるのは煩雑なので、多くの場合は前回に仕込んだ醪の中で、順調な発酵経路をたどった醪の一部を種酢として加える方法が行われている。

酢酸発酵には静置法や速醸法、深部発酵法、連続深部発酵法などさまざまあるが、造酢会社では目的の製品に合った発酵法を選んで美味しい酢を醸している。

粕酢

粕酢は原料として日本酒製造時に副生する酒粕を利用する。まず酒造期の秋から冬にかけて副生する新粕を、大きな木桶やほうろうタンクに空気を遮断して踏み込み、二〜三年貯蔵すると色も茶褐色に変色する。その間に粕中に含まれる炭水化物やタンパク質（細菌や酵母菌体など）は粕中の酵素による分解や菌の自己消化により、アルコール分、糖分や有機酸、うま味の主体となる窒素成分などが増える。

その長期熟成した酒粕に水を加えて粥状にして室温におく。一日に一～二回櫂入《かいい》れをして静置すれば、夏季で二～三日、冬季で四～五日で発酵が盛んになり、七～一〇日で発酵が終わる。その間に酵母や細菌の働きでアルコールと酸が増える。発酵の終わったものは濾過し、液と酢粕に分ける。濾液を澄汁《すまし》という。この汁に種酢を汁と同等か三分の一ほど加え、酢酸発酵を行う。発酵が終わったら常温まで温度を下げ、熟成貯蔵する。熟成期間は三～六ヶ月である。

黒酢

JAS規格では醸造玄米酢として分類され、文字どおり玄米を原料にした米酢である。また、鹿児島県福山町《ふくやまちょう》周辺で造られる酢をとくに壺酢《つぼず》と呼ぶ。

特徴的な壺はアマン壺と呼ばれるが、これは鹿児島の方言で酢という意味である。壺酢は中国から伝来した原始的な古い製造法である。蒸米と麹と水を五四リットルの壺に入れ、日当たりのよい庭に並べて放置しておくと三ヶ月くらいで食酢になる。さらに数ヶ月熟成させる。とくに注目すべきは仕込み当日か翌日に「振り麹」と称して、乾燥麹を液面に浮かせておくように加えることである。ここで麹菌糸が繁殖し、厚い蓋を形成する。糖化とアルコール発酵が進むと、この麹の蓋は壺の内側から沈み、酢酸菌の菌膜が一面に張り、酢酸発酵が進む。このように一つの壺の中で、糖化作用、アルコール発酵と酢酸発酵の三者が巧妙かつ順調に行われる。

製品は色調が褐色であり、しっかりとしたうま味と独特の香りがあり、酸味がやわらかいため、食酢特有の刺激が軽減されている。近ごろ、健康志向の立場からこのような壺酢や玄米酢を飲料として摂取する人が多くなった。

鹿児島県福山町周辺でこの黒酢が造られはじめたのは文政十二年（一八二九年）だということである。その造り方は元禄十年（一六九七年）の『本朝食鑑』に出てくる「相州《そうしゅう》中原酢」の造り方に似ている。この酢は、それより早く成立した「和泉酢」の流れを汲んでいて、『本朝食鑑』には「粳《うるち》の早場米を籾《もみ》が付いたまま蒸し、それを搗《つ》いてから篩《ふるい》にかけ、その米を飯に炊き、麹、水とともに壺に仕込み、一年ほど長期にわたって仕上げる」といったことが記されている。おそらく今の黒酢と同じような黒い色の酢であったろう。玄米のまま使うことと、長期間の発酵、熟成は酢を黒く色付けるからである。

そしてなんとも学問的に興味を抱かせるのは、この『本朝食鑑』の酢も今日の鹿児島の黒酢も仕込んだ壺の中で三つの発酵作用が同時に並行して行われることである。すなわち、麹菌のつくった糖化酵素が米のデンプンに作用してブドウ糖になり（糖化作用）、そのブドウ

図32　黒酢を自然発酵中の壺がずらりと並ぶ　写真提供、坂元醸造

図33　壺畑の遠景　写真提供、坂元醸造

糖に次から次と酵母が作用してアルコールをつくり（アルコール発酵）、そしてそのアルコールに今度は酢酸菌が作用して酢酸をつくる（酢酸発酵）という、三つの発酵形式が一つの壺の中で行われているのである。そのため今日でも、福山の壺酢造りでは、発酵を終えた壺の内側は大切にそっとしておく。壺の内側の壁面には酢酸菌や酵母が固定化されて棲息しているからで、仕込むと、ただちにそれらの菌が発酵作用を起こし、酢が出来上がってくるのである。

黒酢が黒いのは、玄米そのものを原料にするため、米の表面に多いタンパク質が麹菌のタンパク質分解酵素で分解されてアミノ酸になり、そのアミノ酸が米のデンプンから由来してきたブドウ糖と結合して黒色のメラニン系の色素ができるからである。そして黒酢に多いミネラル群も玄米を使う点にあり、さらに濃いうま味を持つのも玄米を使用しているからである。

私は何度か鹿児島県福山町に行って壺酢を見てきたが、何万個という壺が日当たりよいあちこちの山の斜面に置かれて、発酵と熟成をじっくりと繰り返している光景はまさに絶景である。あの壺は薩摩焼で直径四二センチ、高さ六〇センチ、口径一四センチ、容量は五四リットルである。その壺に蒸米八キログラム、米麴三キログラム、水三〇リットルで仕込んだ後、三〇〇グラムの老ね麴《ひ》(古くなって乾燥した麴)を壺の中の液面に浮かせたままでそっと置く。この「振り麴」が雑菌の侵入を抑えて壺酢特有の香味を醸すのに役立っているのである。

麦芽酢

麦芽酢では大麦、小麦、トウモロコシなどの穀類デンプンを麦芽で糖化する。麦芽は一般に大麦を原料としてつくるが、自家製造を行っている工場はなく、麦芽製造業者から乾燥麦芽を購入している。

麦芽汁は乾燥麦芽に摂氏六五度前後の水を四倍量加え、四〜八時間糖化させ抽出を行う。

糖化が終わったら濾過し、濾液と粕に分け、麦汁を得る。これに酵母を加え、摂氏二六〜三六度でアルコール発酵を行う。だいたい五日くらいでアルコール発酵が終わる。この発酵麦芽汁に種酢を添加し、酢酸菌での発酵を行い、麦芽酢とする。

麦芽汁はその爽快《そうかい》なビール様香気と大麦に由来するアミノ酸が多いのが特徴で、そのコクはマヨネーズ、ドレッシング、ソース、ピクルスなど洋風調味料に用いられる。米酢が和風料理に合うとすれば、麦芽酢は洋風料理に適した食酢といえる。このため「和酢《わす》」、「洋酢《ようす》」と区別して呼ばれることもある。

果実酢

果実を原料としてアルコール発酵を行い、その発酵液（酒）に酢酸菌を作用してエチルアルコールから酢を造るのが果実酢である。まずリンゴ酢について述べる。

リンゴ酢の原料はなるべく完熟した糖分含量の多いものがよい。世界的には渋みや酸味の強いリンゴが加工原料となる。日本ではデザートアップルと称される生食用のリンゴを原料とする。また未熟な果汁中にはペクチン質が多く含まれ、製品となってから清澄《せいちょう》が困難であるので、酵素剤として市販のペクチナーゼを用いペクチンを分解する。果実は選別し、十分に水洗いしたのち、ハンマーミル破砕機または適当な磨砕機で細砕し、圧搾搾汁する。

外国では細砕したまま酵母を加えて短期間（二〜三日）で発酵を終える場合があるが、一般には得られた搾汁はあらかじめ摂氏九五〜九八度で殺菌する。殺菌果汁を使用することによりリンゴ酸やコハク酸が増え、酢酸発酵中も比較的安定し、不揮発酵の多い良質のリンゴ酸が得られる。糖分含量の少ない果汁にはブドウ糖などを補糖してアルコール発酵を行う。

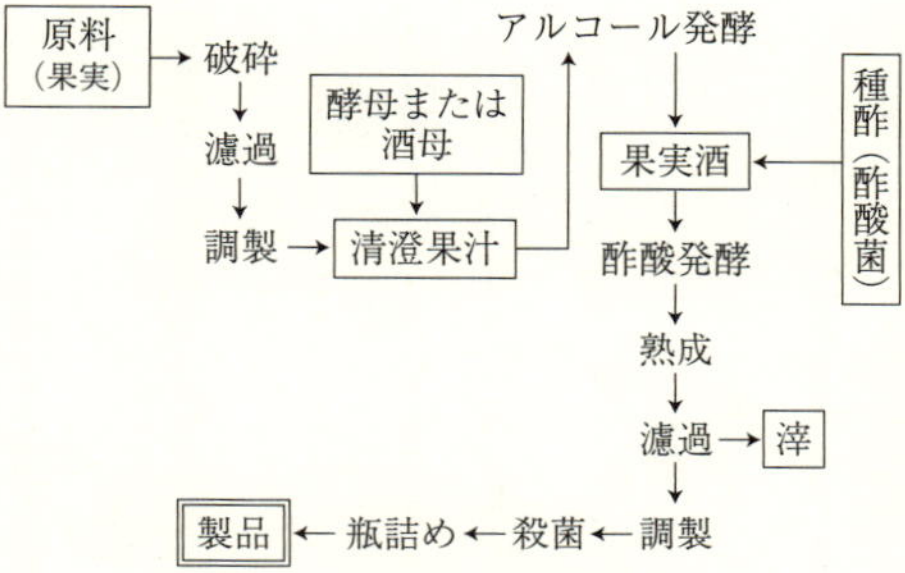

図34　果実酢の製造工程

リンゴ酢は原料そのものから来る香りと味に特徴がある。その芳香は上品で爽快、その上、リンゴ酸は爽やかな酸味を持っていて、洋風調味料としてマヨネーズ、ドレッシング、ソースなどの原料に最適である。近年、焼肉のタレの原料としても消費が伸びている。

次にブドウ酢（ワインビネガー）である。ワインを原料にして造るために、洋風の酢としては極めて多く使われているもので、白酢と赤酢の二種類がある。白酢の原料は白ブドウで、破砕し、搾汁したものを使う。赤酢の場合は赤ワイン用ブドウを破砕し、色素を抽出させるため果皮と果汁をともにアルコール発酵させて造る。果汁は摂氏六〇〜七〇度に加熱して酢酸発酵の妨害となる細菌類や酵母類およびタンパク質やその他のコロイド質を凝固沈澱させて除去する。果汁中のペクチン質が濁りや滓《おり》の原因となるので、アルコール発酵前に市販の酵素剤であるペクチナーゼで処理するほうが望ましい。このようにしてつくったブドウ果汁をアルコール発酵させた後、酢酸発酵を行いブドウ酢を造る。

赤酢は色が赤くてタンニンも多く、白酢と同様やや苦味と渋味を有している。その色と味を利用してソースやドレッシング、白酢はマヨネーズ、ドレッシングやソースに使われる。日本での市販製品の酸度は四・五〜五・五%くらいで、高酸度酢として酸度一〇〜一五%のものも市販されている。

なお、最近よく耳にするブドウ酢に「バルサミコ酢」というのがある。イタリア北部エミリア・ロマーニャ州で十一世紀ごろから製造されてきた伝統的な酢である。原料はトレッビアーノ種の白ブドウで、果汁を濾過して煮詰め、木製の樽にて発酵・熟成を行う。この間一〜二年ごとにナラ、クリ、サクラ、クワなどの材質が異なる木樽で熟成を行う。熟成期間が長いほど濃度が高く、風味も豊かになる。最高級のバルサミコ酢は一二年以上熟成させる。熟成期間が短いものは香料などを加えて味や風味を向上させている。

バルサミコ酢はまろやかな甘みと穏やかな酸味があり、香りも華やかでドレッシングやソースはもとより料理の隠し味として利用されている。日本では多くのメディアに取り上げられ一躍有名になった。

その他の酢

「香酢《こうず》」は原料に糯米《もちごめ》や高粱《コーリャン》、栗などを利用して主に中国で造られている穀物の酢である。JASには分類されていないが、日本の黒酢に最も近い。香酢は加熱調理しても「香り」や「コク」を失わないので中華料理に欠かせない調味料である。また米酢に比較して豊富なアミノ酸や酢酸を主とした有機酸が健康飲料として利用されている。

「アルコール酢」はエチルアルコールを主原料とし、それに種々の菌の栄養物を加えて発酵させて造る。最近の食品の淡泊化にともない、その生産量も増加している。

食酢の製造で使用するアルコールには三つの方法で変性して使用することが定められているが、通常、種酢変性法が一般的である。純アルコールに酸量（酢酸として）一％以上、アルコール分一五％以下となるよう種酢および水を混和して酢酸発酵を行う。アルコールの原料のみでは酢酸菌が繁殖するのに栄養源が不足し、発酵に支障をきたすので、含窒素物（ペプトン、アミノ酸など）、リン、カリウム、マグネシウムなどの無機塩を加える。また栄養源と同時に製品の品質を高めるため糖類（ブドウ糖など）、麹エキス、酒粕などが加えられる。

アルコール酢は一般に淡泊で香味に乏しいがクセが少なく、すし飯、漬物などに使われることが多い。

「濃縮酢」は酢をさまざまな方法で濃縮し、酸度を極めて高くした酢である。小規模では中国のように天然の冷気を利用し、凍結、解氷を繰り返すことにより造ることもあるが、アメリカでは工業的規模で生産が行われている。アンモニア熱交換機を通して凍らせ、遠心分離で氷を除き二五％の濃縮を得ている。また、ボテーター（votator）という熱交換器を使用し、七％のリンゴ酸を二〇％以上の濃度まで濃縮している。濃縮酢は、日本ではほとんど市販されていない。

4 酢と日本人の料理

酢と日本料理

人は、舌にある味覚感知の細胞集合体である味蕾《みらい》で六つの味を感じることができるといわれている。すなわち甘い、酢っぱい、辛い、苦い、塩鹹《しょっから》い、旨いである。その中で「すっぱい」の「すい」に当たる漢字では酢、酸、醋の三文字が漢和辞典に載っている。「酢」の「酉」は酒のこと、「乍」は「昔」（月日を重ねたむかし）と同系の言葉で、「酒を置いておくと酢っぱくなる」から酢。「酸」の「酉」は同じく酒または発酵液のこと、「夋」は「允《いん》」の字に端を発し、「允」の意は「すらりとした柔らかい人の姿をあらわ」し、そこに二本の足の形をそえて「スマートにたった人」の形が「允」。すなわち「酸」の意味は「筋骨を柔らげ、スマートにする発酵液のこと」（『学研漢和大字典』）。驚いたのは漢字が発明されたそんな古い時代に、酢を食べるとスマートになる、ということがすでにわかっていてこの字が誕生した事実である。「醋」の字の「酉」は酒のこと、「昔」は前述した通り、「月日を重ねたむかし」のことで、つまり酒は日を重ねて寝かせておくと醋《す》っぱくなる、の意から来ている。いずれにしても酸っぱい味は大昔から調味料として大切な存在だったことが、漢字からも読みとれるのである。

酢はとても古い時代からあったので、古代では醬、塩、酒とともに「四種《しす》」の一角を担っていて、奈良時代はこの四種の調味料を小さな器に盛って食膳に置く風習があった。その奈良時代、トウガンやアオナ（カブナ）、ナスの酢漬けの記載があり、酢は酸味を与えてくれるばかりでなく、強い殺菌力を持つので防腐の効果も期待しておおいに加工にも利用されていた。

奈良天平の時代、造東大寺司《ぞうとうだいじし》の写経所で働く人たちに対する食料支給の文書が正倉院に残っていて、そこには調味料として「塩五勺、醬一合、末醬《こなみそ》一合、酢五勺」とある。ここからも調味料としての酢の存在が理解できる。

平安時代に入ると、公家、武士、平民の三つの階級に分かれ、日本人の料理はそれぞれに体系化していく。いわゆる宮廷の食、武家の食、そして大衆の食である。『延喜式』などを見ると、ここにも酢のことはよく記載されていて、市中でも酢が大いに売られていた。おそらく酢のもの、酢漬け、酢〆《すじめ》などで、階級に分け隔てなく賞味していたのであろう。

そして平安時代の終わりごろより、ワサビ酢、ミョウガ酢、蓼《たで》酢、芥子《からし》酢などとともに、酢入りや酢和えと並んで鱠《なます》（膾）が盛んに登場してくる。鱠は魚や貝などの身を細かく刻んで酢に浸した食べもので、また大根と人参を細かく切って酢に浸したものも鱠であった。

鎌倉時代には禅宗が伝来して、それとともに広まった精進料理の献立の中に、「酢漬茗《みょう》荷《が》」や「差酢和布《さしずわかめ》」などが出てくる。このころから酢は酸味を味わうだけでなく、体と心によい食べものとされていたのか、仏教諸宗派は食生活に簡素化を図りながら、酢料理を推奨していた。同時に、和食の基本である「一汁三菜」が教えとして世に出てきた。つまり「御飯と味噌汁とおかず三種」で和食は成立する。ただし、おかず三種のうちの一種は香のもの、すなわち漬物と決められていたので、当然酢漬けもよく膳に上ったろうし、酢のものや酢和えのおかずも多くなってきた。

室町時代の長享《ちょうきょう》三年（一四八九年）に出された『四条流包丁書《しじょうりゅうほうちょうがき》』には「鯉《こい》は山葵《わさび》酢。

鯛は生姜《しょうが》酢。鱸《すずき》は蓼酢。鱶《ふか》は実芥子《みからし》酢。鱏《えい》も実芥子酢。王余魚《かれい》は味噌ぬた酢」とあり、刺身は魚によって酢の調味料を別々にすることと訓じている。このことから、当時の調味の主体が酢であったことが実によくわかるのである。明応《めいおう》九年（一五〇〇年）の『七十一番職人歌合《しちじゅういちばんしょくにんうたあわせ》』には当時の「酢造」の絵が描かれているが、酢造りというよりは、出来上がった酢を街で売っている様子を描いたものかもしれない。もうこのころから酢は一般的な調味料となっていたのであろう。

図35　酢造り『七十一番職人歌合』より

江戸時代に入ると、酢は特に大切な調味料となってその需要を伸ばしてくる。それは、使われ方がそれまでよりはるかに多様化したためで、とりわけ料理には大きな役割を果たした。強い殺菌力があり、防腐の効果も抜群で、この性質を利用して魚介類の酢漬け、酢〆、酢洗いなどによる生食が大いに発展した。また料理材料の生臭みを消す効果もあり、さらに塩辛さを和らげてくれることを知ると、一段と酢料理は広がってきた。一方、このころから料理は繊細になり、アク抜きといった手法が始められると、酢は牛蒡《ごぼう》、レンコン、長芋などのアク抜きに覿面《てきめん》となって、この方面でも使われはじめた。

江戸や大坂といった大都市の酢料理だけでなく、地方での酢料理にはどのようなものがあったのかについて見てみるのも大切だと思うので調べてみた。出典は文化・文政に出版された高久主人著『新篇料理活用』、通称『高久料理本』という越後長岡の料理書である。そこから酢を使った料理を拾い上げてみると次のようになる。鱠《なます》、春の鱠、鯖《さば》からむし、にしんすし、酢溜《すだめ》、秋の鱠、冬の鱠、四季付込鱠《しきつけこみなます》掛酢《かけず》時見計《ときみはからい》、御ぜん酢、九年母《くねんぼ》酢、たでず、煎《いり》酒《ざけ》酢、茄子《なす》酢、みかんす、玉子す、四分一す、からし酢、柚子《ゆず》ず、梨子《なし》ず、三盃酢、くるみ酢、ぶどう酢、蕪菜《かぶらな》酢漬、蓮こん酢漬、じゅんさい酢のもの、酢味噌和え、青酢味噌、ケシ酢味噌、コショウ酢味噌、ゴマ酢、ニンニク酢味噌、白酢味噌、山椒酢味噌、さざえ酢漬、鯛薄造りぬた和え、あじ酢蒸など枚挙にいとまがないほど、酢の料理は地方でも大変多かったのである。

そして、何と言っても酢が脚光を浴びたのは、鮨の登場である。関西では箱鮨や押鮨として、江戸では握り鮨として一大流行した。飯に酢を加えて酢飯にし、その上に魚介類やそぼろ、干瓢《かんぴょう》、玉子焼きなどをのせ、押したり握ったりしたものである。庶民からは絶大な人気を得て、大いに食べられたので、酢の需要も飛躍的に伸びた。この鮨については次節で詳しく述べる。

明治、大正に入ると、食生活も一部洋風化に傾き、ケチャップやソース、香辛料を入れた酢漬けなどがちらほら見られるようになる。そして昭和、平成になると、酢はマヨネーズやドレッシングなどの調味料としても大量に消費され、さらに酢には保健的機能性が備わっていることがわかると、今度は料理用だけでなく、飲料としての酢も台頭するようになった。

そして今では合わせ酢だけでも甘酢、二杯酢、三杯酢、土佐酢、ポン酢、ワサビ酢、梅肉酢、吉野酢、黄身《きみ》酢《す》、ゴマ酢、南蛮酢、カラシ酢、柚香《ゆこう》酢、タデ酢、木の芽酢、ウニ酢、肝酢、松前酢、加減酢、すし酢、白酢《しらす》、ゴマ白酢、利久《りきゅう》酢、みぞれ酢、カラシ酢味噌など二五種以上もあり、それぞれに料理を盛り上げているのである。そして最近の酢の生産量は年間四〇万キロリットル、全国に約三〇〇社の酢醸造場がある。なお、酢の現状とこれからについては別節で述べる。

酢の調理学

酢は食べものに酸味を与えるだけでなく、料理や調理に際してもさまざまな効能があるので大いに重宝されてきた。

その最大の効能は殺菌作用にある。例えば病原性大腸菌O－157のような、さまざまな

表18　食酢（酢酸）の殺菌作用

菌　株	殺菌に要する時間（分、30℃）	
	食酢	二杯酢
Escherichia coli O157:H7 NGY-10	150	10
E. coli O26:H11 NGU-9688	150	10
E. coli O111:K58 H⁻	60	1
Citrobacter freundii IID 976	10	5
Salmonella enteritidis IID 604	10	5
S. typhimurium s3035	10	2
Vibrio parahaemolyticus RIMD 2210001	<0.25	<0.25
Aeromonas hydrophila IFO 3820	<0.25	<0.25
Pseudomonas aeruginosa IID 1031	1	<0.25
Staphylococcus aureus IFO 3060	10	10
Enterococcus faecalis IID 682	360	30
Bacillus cereus IFO 13597	>240	>240

食酢は2.5%酢酸。二杯酢は2.5%酢酸＋3.5%塩化ナトリウム（円谷、1998）

薬剤に耐性を強く持つ細菌であっても、酢の殺菌効果は高く、二・五％の酢酸を含む食酢（通常市販されている食酢は四〜五％の酢酸を含む）では約一五〇分で死滅させることができる。これまでの研究では、多くの食中毒菌や腐敗菌に対して酢の殺菌効果が認められている。前述したように、日本における酢の利用は奈良時代以前にまで遡るので、長い歴史の上で、酢がいかに日本人の食卓を守ってきたのかがうかがえるのである。

　酢はまた、料理において減塩効果をもたらしてくれる。和食を中心とした日本料理は比較的多くの食塩を含むといわれてきたが、かといって塩分を減らせば「口淋しさを感じる」とか「味が薄い」、「味に物足りなさを感じる」などさまざまな不満が返ってくる。ところが、減塩にしてもそこに食酢を好みの量加えてやると、味全体を補強して満足を感じさせてくれるのである。そのため高血圧症や心臓疾患、腎臓を病んでいる人の食事、あるいは病院食では、すでにこの食酢による減塩作用を応用しているところも多い。

食酢は酢っぱい調味料であるから、料理に酸味を付与するのは当然だが、実は酢の酸味には、ストレスによる消化不良や食欲不振に対して改善の効果があるとされ、この目的で調理時に加えられることもある。つまり、出来上がった料理に爽やかさを与える効果があるというので、注目されている。

一方、食酢は、肉や魚、野菜といった食材からカルシウム、マグネシウム、カリウム、リンといったミネラルを溶出する力があり、例えばアサリ一〇〇グラムを用いたスープ料理において、そこにワインビネガーを用いたところ、一二〇ミリグラムのカルシウムが溶出（用いないときは九五ミリグラム）したという報告もある。

さらに食酢には、獣臭や魚の生臭みなどを消去あるいは減少させる効能も有している。特に魚の場合、その生臭みの成分はメチルアミンやトリメチルアミンといった塩基《アルカリ》性揮発成分が主体であるため、強い酸性の食酢はたちまちこれを中和して生臭みを鎮めてくれる。また酢酸は、特有の酸っぱい匂いを有するので、その匂いに生臭みが隠されてしまうのである（これをマスキングという）。このように酢には、調理上でもさまざまな効用があって、これまで日本の台所で大いに重宝されてきたのである。

5 酢と鮨

「すし」は粒食民族日本人の代表的嗜好食品のひとつである。このすしの字には「鮓」と「鮨」とが当てられている。街で見る「寿司」の字は縁起をかついだあて字だ。この両者の使い分けは昔から明瞭ではなく、『和名類聚抄』には鮨、ほぼ同じ平安時代の『延喜式』には鮓で出ている。有力な説では、鮓は魚と米でつくった熟鮓《なれずし》(馴れ鮓とも書く)のことで間違いなさそうだが、「鮨」は実にさまざまな説がある。中国的解説であると「魚の塩辛」とあり、日本的であると「すし」で「酢につけた魚」あるいは「酢・塩で味をつけた飯に、魚肉や野菜などをまぜたもの。また、酢をした飯をにぎって、その上に魚や貝類の肉をのせたもの」(いずれも『学研漢和大字典』)である。私は、発酵したすしを「鮓」、発酵せず飯や魚に酢を加えてから押したり握ったりするすしを「鮨」とした。

さて、この日本には今日、大別すれば二種類のすしがある。そのひとつは極めて大昔からの「熟鮓」。他方はそれに比べればたいそう新しい「早ずし」である。ここではまず熟鮓について説明する。

熟鮓とは、魚を飯とともに重石《おもし》で圧《お》し、発酵させてからよく熟《な》れさせたすしのことで、その原形は中国や東南アジアに古くからあったものである。これが我が国に伝わってからは、例によって、日本人の知恵が随所に入り、日本独自の熟鮓がつくりあげられてきた。

日本の熟鮓の最も古い方法のひとつは、和歌山県の新宮《しんぐう》市、海草《かいそう》郡、有田郡一帯にみられる鮓で、材料の魚にはサケ、サンマ、カマス、サバなどが用いられる。まず、腹を開けて内容物を取ったのち、塩を詰めて桶に漬け込む。一ヶ月後、これを洗い上げてから、今度は腹に飯を詰め、竹の葉に包んで鮓桶に漬け直し、重石をかけて二ヶ月間も発酵させたものである。琵琶湖《びわこ》を中心とした鮒鮓《ふなずし》は、四〜五月ごろの産卵前の煮頃鮒《にごろぶな》を塩に漬け、七月土用《どよう》になったら鮓桶に飯と鮒とを交互に漬け込み、強く重石をして正月ごろから食する。

青森県や秋田県のハタハタ鮓は、ハタハタと飯、米麹での熟鮓、石川県の蕪鮓《かぶらずし》はブリと蕪、飯、米麹での熟鮓である。全国にはこれらのほか、イワシ、ニシン、サバ、ハモ、ボラ、アジ、ウグイ、ウナギ、サケ、マス、ハヤなどを材料とした熟鮓がたくさんある。

このようなさまざまな熟鮓には、極めて深い知恵がある。それはまず保存性にあり、この食べものこそ、日本で最古の保存食品のひとつなのである。魚を飯や麹などに漬け込んでいる間、乳酸菌は飯に作用し、発酵して乳酸をつくり、酸味が強くなって、pH《ペーハー》を下げるから防腐効果を持つことになる。

この乳酸発酵の際、魚のタンパク質はアミノ酸に変化するから、うま味が強まり、特有の魚臭は、乳酸発酵の初期に活躍したプロピオン酸菌や酪酸菌の生成した特異な匂いに打ち消されてなくなってしまう。そして、発酵することによって熟鮓には豊富にビタミン類が存在することになる。

また、この鮓を食べることにより、そこに多量に棲息する整腸作用によい細菌群が体内に入り、腸内にすみついて、異常発酵菌や腐敗菌の侵入を阻止したり、そこで各種のビタミンをつくるから、人はそれを吸収して、栄養バランスをも補うことができたのである。したがって熟鮓は、食味を楽しみ、保存食品として重宝し、自然の滋養食品としても珍重したという、大変に価値の高い食品なのである。

このように熟鮓は、大変に古い時代からの伝承法によってつくられるもので、乳酸菌による乳酸発酵を行わせる必要があり（乳酸には防腐効果があって腐敗菌は侵入できない）、数ヶ月という長い期間を費やすことになる。これに対して、酢にも防腐効果が強くあるので、飯や魚に酢を初めから加えてしまえば、熟鮓のように乳酸発酵の必要はなくなり、すぐに食べられる。この酢を加える方法が「早ずし」である。

早ずし（「当座ずし」ともいう）の代表的例のひとつは、富山名物の「マスずし」だ。解体したマスを三枚におろし、皮、骨などを取り除いた後、肉身を幅約四〜五センチ、厚さ約三ミリほどに切る。この薄切り肉に特上質の食塩を振りかけて二時間ほど放置した後、米酢に調味した漬け汁でよく洗っておく。一方、酢飯は、精白米を硬めに炊くが、初めから酢を加えて味付けして炊く場合と、炊いた後に酢を混ぜる場合がある。

次に、曲物《まげもの》の底に放射状に敷いた青笹《あおざさ》の上に、酢洗いした切り身をすき間なく並べ、その上に冷やした酢飯を押さえながら詰め、底に敷いた笹を折り曲げて蓋をする。この曲物をいくつか重ねた後、一五〜二〇キロほどの重石をのせて数時間熟《な》れさせて出来上がる。

この種の早ずしは他にも多くある。京都の「鯖ずし」や「鰶《このしろ》ずし」、また全国各地に見られる「鮎の押しずし」「山女《やまめ》ずし」「小鯛の笹ずし」「鮭ずし」「小鰺《こあじ》の押しずし」など一連の押しずしものである。これらは一六〇〇年代の初め（慶長年間）、上方で生まれた知恵の賜物《たまもの》である。

さて、早いもの好きの日本人は、この押しずしよりさらに早く食べられるすしを次々に考え出した。

酢飯にさまざまな具を体裁よく盛り、その上に海苔をあぶりもみしてふりかける「五目ずし」（「ちらしずし」）。簀子《すのこ》の上で酢飯の芯《しん》に煮付けた干瓢やそぼろを置いて、海苔や玉子焼きを巻く「巻きずし」。味付けして煮た油揚げに、酢飯や具入りの酢飯を詰めた「稲荷《いなり》ずし」など、すしはどんどん早ずし化の方向に人気を呼んで発展していった。そしてついに江戸末期の文政から天保にいたって、江戸前の握りずしが普及する。

目の前で、酢飯に新鮮な魚介をのせ、それをその場で食べてしまうのであるから、なんともスピーディーで、粋な感覚のすしが登場したわけである。

だが、すしでは歴史も伝統もはるかに先輩格の関西では、その後も押しずし、箱ずし、巻きずしといった、昔からの早ずしが中心となって、今日に伝わっている。

ところで、日本人が「熟鮓」よりも「早ずし」を大好物としたのには、いくつかの理にかなった理由と知恵がある。

その第一は、熟鮓では食べるまでに時間がかかりすぎる欠点を、早ずしでは解決してくれたこと。第二に、熟鮓には特有の強烈な匂いがあって、これを敬遠する日本人がけっこう多いが、早ずしにはこの嗜好性の問題がないこと。そして第三は、早ずしは常に新鮮な魚介や食材を、野趣あるままに味わうことができること。第四には、すしはすしでも熟鮓はどちらかというと、惣菜《そうざい》的であるのに対し、早ずしは主食的であること。第五に、早ずしは、味の点ばかりでなく、盛り付けや色合い、巻き方などの工夫で、視覚からの美味感をも引き立たせることができることなどである。そして何と言っても早ずしには、家族中が一体となって楽しめる利点がある。

江戸前の握りずしは早ずしの中でも超特急である。酢飯を魚介とともに握ってそのまま客に手渡しし、客はそれをパクリと食べる。この間、一分以内であろう。

この握りずしは、文政年間（一八一八〜一八三〇年）に江戸両国《りょうごく》の与兵衛《よへえ》ずしの初代、花《はな》屋《や》与兵衛の創案という説や、それ以前の延宝年間（一六七三〜一六八一年）に松本善甫《まつもとよしいち》という医師によって創案されたなどさまざまな説があってよくわかっていない。おそらく松本ずしのほうは、年代の古さから見て、魚を好みの形に切って、酢飯の上にのせてから押した関西風のものが江戸に来たことをいっているのかもしれない。天保年間になると、与兵衛のすしがどんどん文献に出てくる。文献によると、与兵衛は寛政十一年（一七九九年）、江戸霊岸島《れいがんじま》で生まれ、九歳で浅草茅町《かやまち》札差《ふださし》板倉屋清兵衛の雇人となり、十余年大過なくつとめたのち、暇《いとま》を乞うて道具屋を始めたが失敗。転職して菓子屋となったが、これまた失敗した。の

図36　江戸時代後期のすし売り　当時の江戸にはすでにこのような早ずし売りがあって繁盛していた。『絵本江戸爵』より

ちに「早漬《はやづけ》」を創案してすし売りとなり、両国元町《もとまち》で屋台店を出し、ついで一戸をかまえてついに成功したという。とにかく凄い人気で、

鯛比良目《ひらめ》いつも風味は与兵衛ずし
　買手は見世《みせ》にまつて折詰

こみあひて待ちくたびれる与兵衛ずし
　客も諸《もろ》とも手をにぎりけり

などのユーモラスな狂歌も残っている。

当時の握りずしのネタは、江戸湾で獲れた鮮度のいい魚介類で、正真正銘の江戸前で、しかも刺身は日本人の大好物ときているから、握りずしが江戸市中はもとより、またたく間に日本国中に広まったのもゆえなしとしない。

当時、人気を集めた握りずしの種《たね》は、玉子焼き、車エビ、エビそぼろ、白魚、マグロの刺身、コハダ、タイ、ヒラメ、マゴチ、マコガレイ、アナゴ、スズキがそのおもな顔ぶれであったということだ。

その江戸前の握りずし屋は文政七年（一八二四年）の記録によると、江戸八百八町といわれた中で各町内に一〜二軒の握りずし屋があったといわれるほど多くのすし屋があった。その中には両国の「与兵衛ずし」や深川安宅《あたけ》の「松のすし」といった、贅沢で高級なすしを売

る店も少なからずあったようで、天保改革の際にはそのような贅沢すし屋二〇〇人余りが手鎖《てぐさり》に処せられたとある。以後はコハダやタコ、シャコ、アナゴといった安価なすし種を使うようになり、広く庶民にも愛されるものとなった。

握りずしの保健的機能は、何と言っても新鮮な魚介を生のまま酢飯とともに食べるというのであるから、食欲は俄然出てきて、唾液《だえき》の分泌もよくなり、消化吸収は大変良いであろう。例えばある研究によると、焼いた一〇〇グラムの鯛は消化するのに三時間一五分を要したが、刺身にしたタイでは二時間少々で消化したという。さらに握りずしにワサビ（山葵）は不可欠の香辛料だが、ワサビはただ辛味をつけるだけでなく、殺菌作用も持つほか、食欲増進や健胃作用も持つ根菜である。

昔の握りずしでは、酢は酢飯に使うだけでなく青みの魚や貝類はほとんど酢に漬けたもので握っていたという。コハダやアジなどは今でもそのなごりがあるが、酢の大半は飯に混ぜられる。米一升の割に酢を〇・七～一合も加えるのであるから、かなりの量の酢が飯の中に含まれることになり、単純計算しても酢飯一合を食べたとすれば、体に入る酢の量は二〇ミリリットル近くになる。ところがその酢の効用には疲労の直接の原因となる筋肉中の乳酸の増加と蓄積を回避し、体の疲労を速やかに解消するという効果が生理学的に立証されているのである。また血圧上昇の抑制、抗腫瘍、老化を進める体内の過酸化脂質の排除や、血中コレステロールの低下などにも効果があるという報告もあるのだ。

ところで最近のすし種を見ていると、新鮮さばかりでなく実に美味なものが多くなった。一昔前までは、マグロも赤身中心であったのが、このごろでは中トロや大トロが人気で、すし屋に入るなり大トロをいきなり何個も口に放り込む人なんか珍しくなくなった。マダイ、天然ヒラメやカレイとその縁側《えんがわ》、シマダイ、トロガツオ等々。そして大衆魚といわれたアジやサバも産地名をブランド化して、実に美味なものが食べられるようになった。勘定のとき、そのようなすし屋はたいそう高いので請求された代金を見てびっくりして体に悪いのかもしれないが、しかし、そのようなすし屋の脂肪は保健的機能性を有する脂肪酸で構成されているのである。魚の脂肪は、常温や低温でも牛肉や豚肉といった獣肉脂肪のように白く固まらないで、ドロッとした液状をしているのだが、それは脂肪を構成する脂肪酸が獣肉は飽和脂肪酸主体であるのに、魚では不飽和脂肪酸であるためなのだ。その不飽和脂肪酸の中で、このところ最も注目されているのがエイコサペンタエン酸（EPA）やドコサヘキサエン酸（DHA）といった成分群である。最近の研究の結果、これらの不飽和脂肪酸には、頭脳の働きをよくする効果や認知症の予防、視力強化、抗アレルギー、体内に蓄積している老化物質の排除、動脈や毛細血管の強化など、実にすばらしい効果が次々に報告されているのである。

また、魚介類には各種ビタミンが非常に多く含まれていて、特に畜肉類にはほとんど含有されていないビタミンA、Dのほかビタミン E などの機能性のあるビタミンを多く含む点に特徴がある。ほかにビタミン B_1、B_6、B_{12} なども多く、しかもそれらのビタミン類は生で食べられるために失活しないで体内に入っていくので効果は大きい。

暖簾《のれん》を手でかき分けて開き戸を開けたとたん、「らっしゃい！」という威勢のよい声とともに、新鮮な海苔と酢飯と木の匂いが鼻をくすぐる。ああ、憧れのすし屋だなあ、新鮮な魚が食べられるなあという幸せな心。そういう心になれることも、体のためにはすばらしいことなのだ。

6 酢の保健的機能性

酢は昔から、体を柔らかくするとか、動きを機敏にするとか、疲労に効くとか、動脈硬化や脳卒中、高血圧によいとか、肩凝りに覿面《てきめん》だとか、糖尿病によいとか、湿布消炎剤に重宝だとかと、民間療法にいわれてきた。そのため酢を意識的に摂取してきたわけであるが、近年に至って、その効果が医学的、生理学的な研究により少しずつ明らかになってきた。

酢の効能が一般的に知られていた大きなきっかけは「TCA回路説」というものであった。アメリカのバーモント州は昔から罹病率《りびょう》が低かったり、長寿者が多いのは、この地方特有のリンゴ酢と蜂蜜《はちみつ》を混ぜた「バーモント酢」のためではないか、という考え方が起こり、調べてみたところバーモント酢の愛好者の多くが非飲酢者に比べて肉体疲労度が少ないことなどがわかった。

そこでクローズアップされたのがこのTCA回路説というものである。TCA回路は、人のエネルギー摂取の重要な生理反応で、体内のブドウ糖（食事によって摂取した炭水化物が分解されて生じる）がさまざまな代謝物質に転換させる回路をいうが、その過程で乳酸を生じる。ところが人の疲労の原因のひとつに、筋肉を中心とした体内の乳酸の蓄積があることは前々からわかっていた。このとき、酢液を体内に入れてやると、TCA回路の循環を活発にし、ピルビン酸が乳酸に変化せず、分解されてしまうことがわかったのである。そのため疲労が解消されやすいということになる。

さて現在、酢の機能性はさまざまな方面から検討されている。その中には老化防止のための効果も含まれており、例えば高血圧症の患者に臨床的に酢を毎日一定量投与した場合、投与しなかったグループに対して血中総コレステロール値や中性脂肪値が減少したという。

以下にこれまで生理学的、栄養学的、医学的知見より研究、報告されてきた数多くの論文の中から、酢の保健的機能性について述べてみよう。

酢一グラム当たりのカロリーは三・五キロカロリーで、体内に入るとその一部はアセチルCoAから脂肪酸やステロイドなどの多くの生体構成成分の材料となる。このように酢酸は体内での脂質、糖質代謝の重要な中間代謝物質を経ることから、身体の機能にさまざまな影響を及ぼすことになる。

○コレステロール値の低下

食酢を摂ると、血清中のコレステロールが低下する研究報告は非常に多い。そのメカニズムについても報告されていて、肝臓での脂質合成阻害や胆汁酸分泌増大に起因しているという。具体的には、酢は肝臓でのコレステロールおよび脂肪酸の合成の抑制をしていること、肝臓での中性脂肪の合成を阻害していること、脂肪酸が体内で酸化されるのを抑制していることなどがわかってきて、酢の継続的摂取は、脂質異常症を伴う体質の改善に大いに期待されているのである。

○糖尿病の予防効果

糖尿病は代表的な生活習慣病であるが、これが起るメカニズムのひとつとして血糖コン

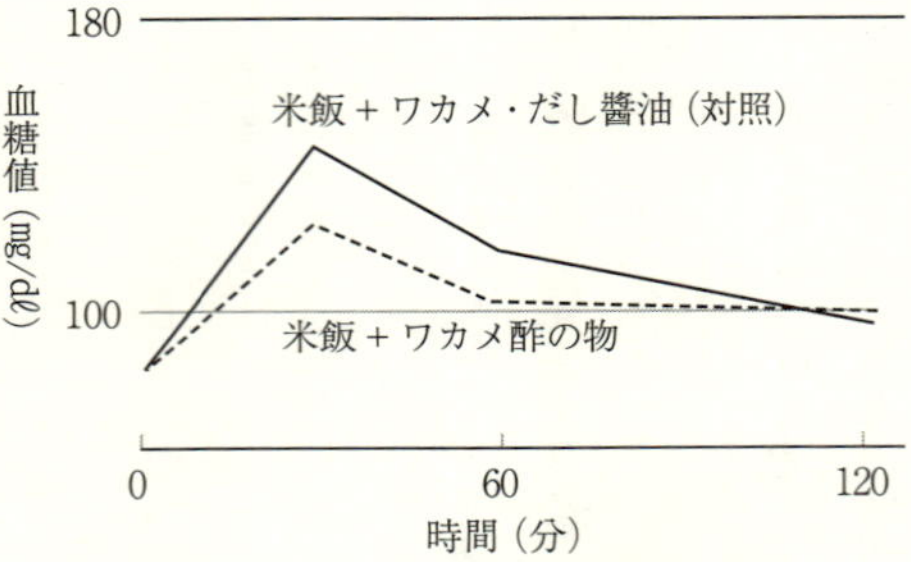

図37　酢の物での食後血糖値上昇抑制　『酢の機能と科学』より

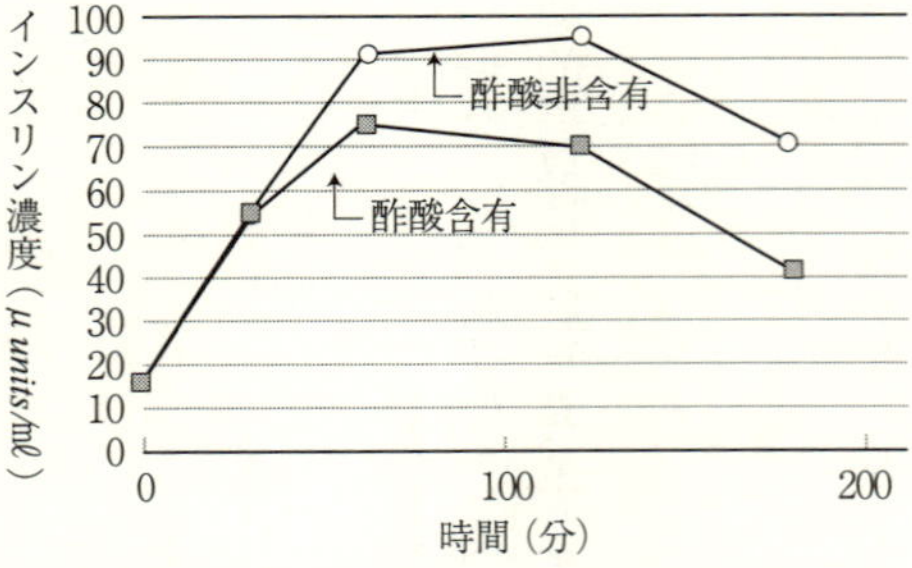

図38　耐糖能がやや不全なヒトでの食後のインスリン値　『酢の機能と科学』より

トロールの不十分さがある。食酢を食事後すぐに摂ると、血糖値の上昇を抑制する研究は多く報告されている中で、「米飯」と「酢のもの」という日本人の食事の一場面を設定して行った結果では、食事後血糖値が低く抑えられたという報告が注目された。また、糖尿病に深い関係を持つインスリンの節約効果も高かったとの報告もなされている。

○高血圧症の予防

食酢と高血圧の関係についての研究は、黒酢や米酢で多く行われてきた。その結果、ヒト

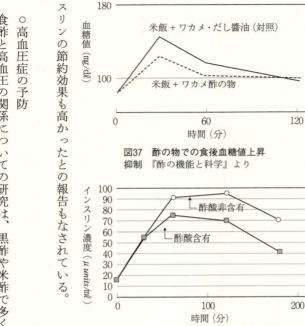

では一日当たり一八ミリリットルという少ない摂取量で高血圧症患者の血圧を低下させることが期待される結果を得ている。ヒトの体にはＡＣＥ（アンジオテンシン変換酵素）があり、この数値が低いほど心臓と腎臓の臓器保護作用や脳血管障害予防効果、インスリン抵抗性改善、血圧上昇などにつながるとされているが、酢にはこのＡＣＥの作用を阻害する効果が証明されて以来、酢の摂取と血圧上昇抑制の研究は一段と進んできた。酢には、カルシウム吸収促進作用も認められていて、この点も血圧上昇の制御に働いていると見られている。

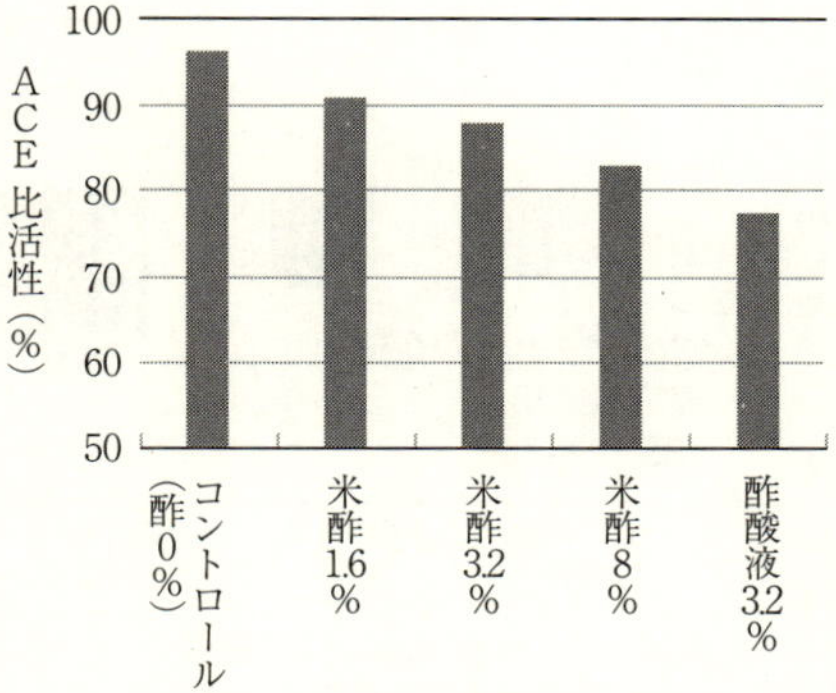

図39　餌に添加した各種サンプルが長期飼育後の動脈ＡＣＥ活性の阻害に及ぼす影響　『酢の機能と科学』より

○肥満の防止

酢の肥満防止への効果についても多くの研究がなされている。その中で、特に注目されたのは、肥満者一七五名を対象にして行った実験である。その方法は三群に分かれたダブルブラインド試験で、一日当たり食酢として一五ミリリットルもしくは三〇ミリリットル分を含む飲料を一二週間飲用したところ（朝食後と夕食後の二回に分けて飲

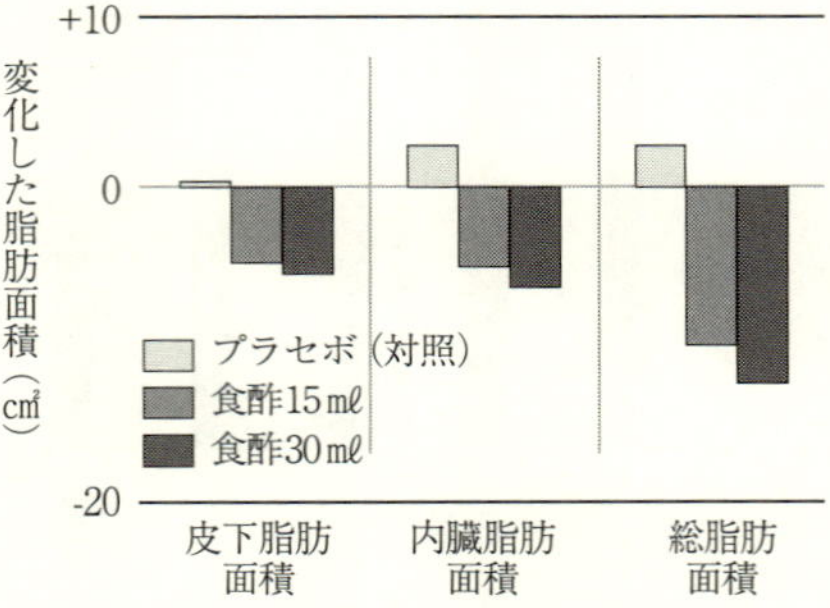

図40　食酢の摂取による体脂肪の減少　『酢の機能と科学』より

用）、食酢を含まない飲料を摂取したプラセボ群（対照）と比較して、ＢＭＩ（肥満度）、体重、内臓脂肪面積、ウエスト、血清の中性脂肪値が有意に低くなった。多くの人が気になる体重に着目すると、三〇ミリリットル摂取群は三ヶ月で約二キログラムの減少であった一方で、プラセボ群では減少がみられなかった。ＢＭＩや体重同様、脂肪面積の減少の点でも食酢摂取量が多いほど効果が大きいことが示されている。それらの研究結果を総合すると、メタボリックシンドロームを中心とした生活習慣病の予防の観点からは、一日一五ミリリットルから三〇ミリリットルを継続的に摂取する習慣が最も好ましいとされている。

○骨粗しょう症の予防

骨粗《こつそ》しょう症の原因のひとつは、体内におけるカルシウムの吸収不足にある。そのためそれを予防するには、ヒト腸管吸収上皮細胞に、効率よくカルシウムを吸収させる必要があるが、これまでの多くの研究により、酢がその吸収に著しく効果のあることがわかってきた。

○その他の機能性

酢にはグリコーゲン再補充促進作用のあることがわかり、疲労の回復に酢が効果を示すのは、この作用とTCA回路との関わりが密接につながっているためであることがわかった。

また、酢は胃の粘膜を保護することも動物実験で示唆されているほか、血管拡張作用による血流の増大、血行促進が見出されている。さらに酢には、唾液の分泌促進作用もあり、唾液に含まれるさまざまな機能、例えば消化吸収の促進、発癌の予防などにつながることとして期待されている。ほかに食酢の摂取により、アレルギー発生制御や感染症の予防、免疫機能の上昇、血液のサラサラ効果など、とても多くの事象が挙げられているのである。なお、ヒトでの食酢有効摂取量（大人）は一日一五〜三〇ミリリットルとされている。とにかくこうして見ると、酢は誠にもって底力のある、すばらしい発酵食品といえる。

7 酢の現状とこれから

日本における食酢の生産は昭和二十五年（一九五〇年）以降増加の傾向となり、平成七年（一九九五年）に入ると四〇万キロリットルに達し、以後は安定的に推移してきた。このように広く使われるようになったのは、高度経済成長により国民の消費生活が高度化したことと、食生活の欧米化、食酢に対する健康志向の高まりなどによるものと考えられている。それらの要因はまた、食酢を料理用として使ってきた固定概念を崩し、飲用としての食酢が広がってきたことも大きな需要拡大につながったと思われる。今日、日本で最も多く生産され、消費されている酢は米酢や麦酢などの穀物酢を含む醸造酢で、日本人の家庭や料理店で調理用に使われている酢といえば大概はこの食酢である。

また、このところ飲料用としての酢の消費が拡大するにつれ、リンゴ酢（アップルビネガー）やブドウ酢（ワインビネガー）といった果実酢の需要が伸びているのも注目されるところである。これらの酢は、飲料からさらに食べる酢としてさまざまな洋風ソース、ドレッシング、マヨネーズ、ケチャップなどの原料にも使われることが多く、今後さらに伸びること

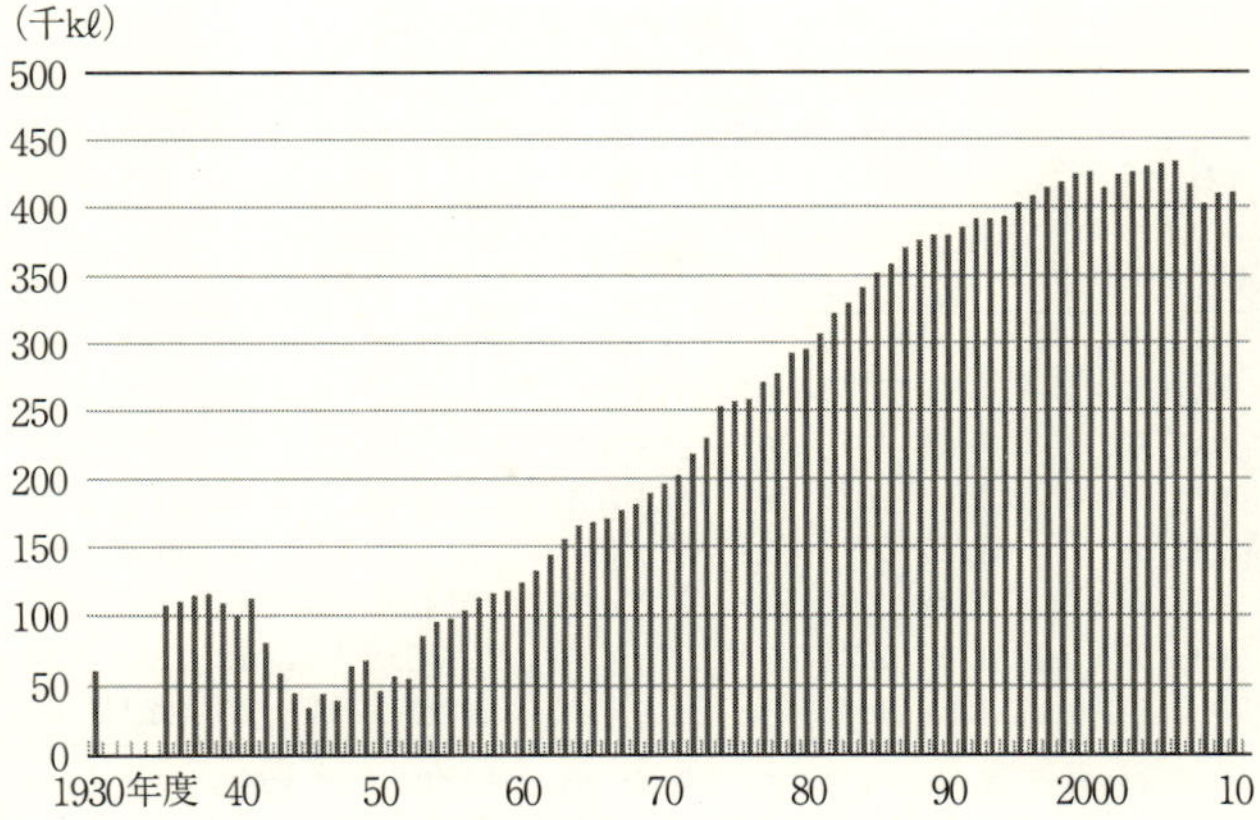

図41　食酢の生産量　農林水産省調べ

が予想されている。イタリアやフランスなどのワインビネガーや、熟成ワインビネガーのバルサミコ酢などの輸入されてくる食酢は、日本における酢全体に占める消費量としては極めてわずかであるものの、最近は外食産業の伸展（イタリア料理店の激増、多くの外食チェーン店の展開など）によって国内市場では堅調に推移している。食酢の輸入量は、現在中国とイタリアを中心として約三〇〇〇キロリットル程度である。一方、輸出は、大幅に増えてきているのが現状で、平成二年（一九九〇年）には約一六〇〇キロリットルであったのが、二〇年後の平成二十二年（二〇一〇年）には約一万一八〇〇キロリットルと七倍以上に増加している。これは、和食が海外でブームとなり、日本で生産された醸造酢が鮨用のすし酢や、調味酢（二杯酢、三杯

表19　食酢の国内生産量など

年度	国内生産量									貿易量		国内供給量	1人当たり消費量
	醸造酢							合成酢	合計	輸出	輸入	(A−B)+C	
	穀物酢			小計	果実酢	その他	計						
(年)	米酢	黒酢	その他						A	B	C		(mℓ)
1976	18.6	-	32.4	51.0	6.9	187.6	245.5	13.6	259.1	0.9	0.2	258.4	2,304
1980	32.6	-	44.8	77.4	9.5	200.8	287.7	8.2	295.9	1.2	0.4	295.1	2,539
1985	52.8	-	146.2	199.0	16.5	127.5	343.0	8.4	351.4	2.4	0.5	349.6	2,913
1990	56.0	-	146.6	202.6	19.9	151.6	374.1	7.7	381.8	1.6	0.6	380.8	3,103
1995	56.7	-	148.7	205.4	22.9	169.0	397.3	5.2	402.5	2.7	1.1	400.9	3,216
2000	58.8	-	151.8	210.5	22.8	190.2	423.6	3.0	426.6	5.2	2.4	423.8	3,361
2005	57.0	16.8	139.5	213.3	23.1	194.5	430.9	2.0	432.9	8.1	4.8	429.5	3,386
2010	49.0	11.7	122.9	183.6	24.8	202.1	410.5	1.4	411.9	11.8	3.0	403.1	3,172

単位は千kℓ。国内生産量は農林水産省調べ（2009年度以降は全国食酢協会中央会による推計値）。黒酢には米黒酢および大麦黒酢を含む。貿易量は財務省「貿易統計」より。1人当たり消費量は総務省「住民基本台帳人口の推移」に基づき試算

表20　各種調味料の生産量

年度	食酢		醤油		味噌	
	千kℓ	指数	千kℓ	指数	千t	指数
1985年	351	100.0	1,214	100.0	655	100.0
1990年	382	108.8	1,190	98.0	606	92.5
1995年	403	114.8	1,133	93.3	567	86.6
2000年	427	121.7	1,049	86.4	554	84.6
2005年	433	123.4	923	76.0	505	77.1
2010年	412	117.4	829	68.3	463	70.7

食酢は農林水産省調べ（2009年度以降は全国食酢協会中央会による推計値）。醤油、味噌は農林水産省「食料需給表（国内消費仕向け量）」より

酢、ポン酢醤油など）に使われていることを示すものである。

また、国民一人当たりの食酢の消費量は年間三リットルを超えていて、これは日本人が毎日九ミリリットル（約九グラム）の酢を摂取していることになる。食酢の市場規模は平成二十二年（二〇一〇年）で出荷金額約六〇〇億円、出荷数量約四二万キロリットルである。全国には約三〇〇社の造酢会社があり、総出荷額の四割以上は従業員数一〇〇人以上の中、大企業、それ以外は小企業が占めている。

なお、本書の主題である醤油、味噌、酢の我が国三大発酵調味料の、近年の生産量を比較すると、食酢は著しく伸びている。

おわりに

日本人は昔から、美味な食べものや美味しい料理、体にとって大切な食べものなどを、知恵と工夫によって編み出してきた。その中には、目にも見ることのできない微細な生きもの「微生物」を使って造り出したいくつかの発酵食品もある。

中でも、味付けの基本となる発酵調味料の醬油、味噌、酢を、すでに奈良時代から食卓へ登場させていたことは、地球上の多くの民族の中でも、特筆すべきことであると言えよう。もしも日本に、この素晴らしい調味料が生まれていなかったら、日本人の食文化はとてもみすぼらしいものになっていただろうし、毎日味気ない食事を強いられていたに違いない。

本書では、日本人にとって不可欠のこの三大発酵調味料が、昔から日本のみで使われている国菌の麴菌で生み出されてきた共通性や、日本料理における役割の共通性などについて述べた。また、今日まで辿《たど》ってきた歴史的背景、そしてこれらの調味料への国民の憧れと恩恵などについても解説してきた。

一方、これらの発酵調味料が、日本の各地においては地域性の違いによって醸され方や風味の強弱、好み、さらには使い方などに差異があり、それが地域の食文化として残ってきたことも述べた。

また、味噌や酢には健康を維持し、老化を防ぐ保健的機能性がしっかりと宿っていることも解説した。そのほか調理学的、民俗学的、発酵学的、栄養学的見地からも、これらの調味料の特性を語ったものと自負している。

最後にここで、本書で取り上げた醬油、味噌、酢の三大発酵調味料への賛辞を述べることにする。水田を耕し、米を育て、それを炊いて食べる日本人にとって、その飯《めし》に味噌をのせるだけでも、醬油をかけるだけでも、また酢飯《すめし》にするだけでも、他に何がなくても美味しく食べられるのは、この三大調味料だけであろう。とにかく、この発酵調味料が日本に誕生していなかったら、今日のこの民族の繊細で大胆、粋にして大らかな味覚の生理的感覚は育っていなかったであろう。醬油炊き込み飯、蒲焼き、焼き鳥、すき焼、刺身と醬油。味噌汁、田楽《でんがく》、嘗《な》め味噌、牡蠣《かき》のどて鍋、味噌ラーメン。ポン酢に三杯酢、鮨《すし》、蓼酢《たです》の鮎《あゆ》、酢牡蠣《すがき》、鱠《なます》。その他いろいろ。日本料理の何もかも、醬油、味噌、酢がなかったら何も語れない。まさに天下無敵の調味料なのである。

参考文献

『魚醤とナレズシの研究』石毛直道、ケネス・ラドル共著、岩波書店、一九九〇年
『発酵』小泉武夫著、中公新書、一九八九年
『改訂　醸造学』小泉武夫他編著、講談社サイエンティフィク、一九九三年
『発酵食品礼讃』小泉武夫著、文春新書、一九九九年
『発酵食品学』小泉武夫編著、講談社サイエンティフィク、二〇一二年
『酢の機能と科学』酢酸菌研究会編、朝倉書店、二〇一二年
『料理活用　江戸時代に見る越後の料理』田中一郎編著、新潟日報事業社、一九九七年
『しょうゆの本』田村平治、平野正章共編、柴田書店、一九七一年
『みそ文化誌』みそ健康づくり委員会編、全国味噌工業協同連合組合会、二〇〇一年

図版引用文献

『人倫訓蒙図彙』朝倉治彦校注、東洋文庫、一九九〇年……図28
『日本生活文化史　4』門脇禎二ほか編、河出書房新社、一九七五年……図18
『麴カビと麴の話』小泉武夫著、光琳テクノブックス、一九八四年……図2、図3、図19、図35
『日本酒ルネッサンス』小泉武夫著、中公新書、一九九二年……図4、図5、図6
『食と日本人の知恵』小泉武夫著、岩波現代文庫、二〇〇二年……図36

小泉武夫（こいずみ・たけお）

1943年（昭和18年），福島県の酒造家に生まれる．東京農業大学農学部醸造学科卒業．農学博士．東京農業大学名誉教授．現在，鹿児島大学，琉球大学，石川県立大学等の客員教授を務める．専門は醸造学，発酵学，食文化論．

著書『酒の話』（講談社現代新書）
『奇食珍食』（中公文庫）
『食と日本人の知恵』（岩波現代文庫）
『発酵』（中公新書）
『酒肴奇譚』（中公文庫）
『発酵食品礼讃』（文春新書）
『不味い！』（新潮文庫）
『くさいものにフタをしない』（新潮文庫）
『発酵は錬金術である』（新潮選書）
『いのちをはぐくむ農と食』（岩波ジュニア新書）
『小泉武夫のミラクル食文化論』（亜紀書房）
ほか，単著は140冊以上

醤油《しょうゆ》・味噌《みそ》・酢《す》はすごい
中公新書 2408

2016年11月25日初版
2021年6月5日5版

著　者　小泉武夫
発行者　松田陽三

本文印刷　暁印刷
カバー印刷　大熊整美堂
製　本　小泉製本

発行所　中央公論新社
〒100-8152
東京都千代田区大手町1-7-1
電話　販売 03-5299-1730
　　　編集 03-5299-1830
URL http://www.chuko.co.jp/

Published by CHUOKORON-SHINSHA, INC.
Printed in Japan　ISBN978-4-12-102408-4 C1221

中公新書刊行のことば

いまからちょうど五世紀まえ、グーテンベルクが近代印刷術を発明したとき、書物の大量生産は潜在的可能性を獲得し、いまからちょうど一世紀まえ、世界のおもな文明国で義務教育制度が採用されたとき、書物の大量需要の潜在性が形成された。この二つの潜在性がはげしく現実化したのが現代である。

いまや、書物によって視野を拡大し、変りゆく世界に豊かに対応しようとする強い要求を私たちは抑えることができない。この要求にこたえる義務を、今日の書物は背負っている。だが、その義務は、たんに専門的知識の通俗化をはかることによって果たされるものでもなく、通俗的好奇心にうったえて、いたずらに発行部数の巨大さを誇ることによって果たされるものでもない。現代を真摯に生きようとする読者に、真に知るに価いする知識だけを選びだして提供すること、これが中公新書の最大の目標である。

私たちは、知識として錯覚しているものによってしばしば動かされ、裏切られる。私たちは、作為によってあたえられた知識のうえに生きることがあまりに多く、ゆるぎない事実を通して思索することがあまりにすくない。中公新書が、その一貫した特色として自らに課すものは、この事実のみの持つ無条件の説得力を発揮させることである。現代にあらたな意味を投げかけるべく待機している過去の歴史的事実もまた、中公新書によって数多く発掘されるであろう。

中公新書は、現代を自らの眼で見つめようとする、逞しい知的な読者の活力となることを欲している。

一九六二年一一月

日本史

d1

2189 歴史の愉しみ方　磯田道史
2455 日本史の内幕　磯田道史
2295 天災から日本史を読みなおす　磯田道史
2579 米の日本史　佐藤洋一郎
2389 通貨の日本史　高木久史
2321 道路の日本史　武部健一
2494 温泉の日本史　石川理夫
2500 日本史の論点　中公新書編集部編
1617 歴代天皇総覧（増補版）　笠原英彦
2302 日本人にとって聖なるものとは何か　上野　誠
2619 もののけの日本史　小山聡子
1928 物語 京都の歴史　脇田　修／脇田晴子
2345 京都の神社と祭り　本多健一
482 倭　国　岡田英弘
147 騎馬民族国家（改版）　江上波夫

2164 魏志倭人伝の謎を解く　渡邉義浩
1085 古代朝鮮と倭族　鳥越憲三郎
2533 古代日中関係史　河上麻由子
2470 倭の五王　河内春人
2462 大嘗祭―天皇制と日本文化の源流　工藤　隆
1878 古事記の起源　工藤　隆
2095 『古事記』神話の謎を解く　西條　勉
804 蝦　夷《えみし》　高橋　崇
1041 蝦夷《えみし》の末裔　高橋　崇
1622 奥州藤原氏　高橋　崇
1293 壬申の乱　遠山美都男
2636 古代日本の官僚　虎尾達哉
1568 天皇誕生　遠山美都男
2371 カラー版 古代飛鳥を歩く　千田　稔
2168 飛鳥の木簡―古代史の新たな解明　市　大樹
2353 蘇我氏―古代豪族の興亡　倉本一宏
2464 藤原氏―権力中枢の一族　倉本一宏

2362 六国史《りっこくし》―日本書紀に始まる古代の「正史」　遠藤慶太
1502 日本書紀の謎を解く　森　博達
2563 持統天皇　瀧浪貞子
2457 光明皇后　瀧浪貞子
1967 正倉院　杉本一樹
2452 斎宮―伊勢斎王たちの生きた古代史　榎村寛之
2441 大伴家持　藤井一二
2510 公卿《くぎょう》会議―論戦する宮廷貴族たち　美川　圭
2536 天皇の装束　近藤好和
2559 菅原道真　滝川幸司
2281 怨霊とは何か　山田雄司
2127 河内源氏　元木泰雄
2573 公家源氏―王権を支えた名族　倉本一宏
1867 院　政（増補版）　美川　圭

日本史

中公新書

日本史

d3

医学・医療

q1

39 医学の歴史　小川鼎三
1877 感染症（増補版）　井上　栄
2214 腎臓のはなし　坂井建雄
2250 睡眠のはなし　内山　真
1898 健康・老化・寿命　黒木登志夫
1290 がん遺伝子の発見　黒木登志夫
2314 iPS細胞　黒木登志夫
2625 新型コロナの科学　黒木登志夫
2435 カラダの知恵　三村芳和
691 胎児の世界　三木成夫
1314 日本の医療　J・C・キャンベル／池上直己
1851 入門　医療経済学　真野俊樹
2177 入門　医療政策　真野俊樹
2449 医療危機―高齢社会とイノベーション　真野俊樹
2519 安楽死・尊厳死の現在　松田　純

中公新書

自然・生物

2305 生物多様性　本川達雄
2414 入門！進化生物学　小原嘉明
2433 すごい進化　鈴木紀之
1972 心の脳科学　坂井克之
1647 言語の脳科学　酒井邦嘉
1709 親指はなぜ太いのか　島　泰三
1087 ゾウの時間 ネズミの時間　本川達雄
2419 ウニはすごい バッタもすごい　本川達雄
877 カラスはどれほど賢いか　唐沢孝一
2485 カラー版 目からウロコの自然観察　唐沢孝一
1860 昆虫―驚異の微小脳　水波　誠
2539 カラー版 虫や鳥が見ている世界―紫外線写真が明かす生存戦略　浅間　茂
2259 カラー版 スキマの植物図鑑　塚谷裕一
1706 ふしぎの植物学　田中　修
1890 雑草のはなし　田中　修
2174 植物はすごい　田中　修
2328 植物はすごい 七不思議篇　田中　修
2491 植物のひみつ　田中　修
2589 新種の発見　岡西政典
2572 日本の品種はすごい　竹下大学
1769 苔の話　秋山弘之
939 発酵　小泉武夫
2408 醤油・味噌・酢はすごい　小泉武夫
348 水と緑と土（改版）　富山和子
2120 気候変動とエネルギー問題　深井　有
1922 地震の日本史（増補版）　寒川　旭
2644 植物のいのち　田中　修

地域・文化・紀行

t1

- 285 日本人と日本文化 ドナルド・キーン 司馬遼太郎
- 605 絵巻物に見る日本庶民生活誌 宮本常一
- 201 照葉樹林文化 上山春平編
- 799 沖縄の歴史と文化 外間守善
- 2298 四国遍路 森 正人
- 2151 国土と日本人 大石久和
- 2487 カラー版 ふしぎな県境 西村まさゆき
- 1810 日本の庭園 進士五十八
- 2633 日本の歴史的建造物 光井 渉
- 2511 外国人が見た日本 内田宗治
- 1909 ル・コルビュジエを見る 越後島研一
- 1009 トルコのもう一つの顔 小島剛一
- 2032 ハプスブルク三都物語 河野純一
- 2183 アイルランド紀行 栩木伸明
- 1670 ドイツ 町から町へ 池内 紀
- 1742 ひとり旅は楽し 池内 紀
- 2023 東京ひとり散歩 池内 紀
- 2118 今夜もひとり居酒屋 池内 紀
- 2331 カラー版 廃線紀行―もうひとつの鉄道旅 梯 久美子
- 2290 酒場詩人の流儀 吉田 類
- 2472 酒は人の上に人を造らず 吉田 類

地域・文化・紀行

t2

- 560 文化人類学入門（増補改訂版） 祖父江孝男
- 2315 南方熊楠《みなかたくまぐす》 唐澤太輔
- 2367 食の人類史 佐藤洋一郎
- 92 肉食の思想 鯖田豊之
- 2129 カラー版 地図と愉しむ東京歴史散歩 竹内正浩
- 2170 カラー版 地図と愉しむ東京歴史散歩 都心の謎篇 竹内正浩
- 2227 カラー版 地図と愉しむ東京歴史散歩 地形篇 竹内正浩
- 2346 カラー版 地図と愉しむ東京歴史散歩 お屋敷のすべて篇 竹内正浩
- 2403 カラー版 地図と愉しむ東京歴史散歩 地下の秘密篇 竹内正浩
- 2327 カラー版 イースター島を行く 野村哲也
- 2092 カラー版 パタゴニアを行く 野村哲也
- 2444 カラー版 最後の辺境 水越　武
- 1869 カラー版 将棋駒の世界 増山雅人
- 2117 物語 食の文化 北岡正三郎
- 596 茶の世界史（改版） 角山　栄
- 1930 ジャガイモの世界史 伊藤章治
- 2088 チョコレートの世界史 武田尚子
- 2438 ミルクと日本人 武田尚子
- 2361 トウガラシの世界史 山本紀夫
- 2229 真珠の世界史 山田篤美
- 1095 コーヒーが廻り世界史が廻る 臼井隆一郎
- 1974 毒と薬の世界史 船山信次
- 2391 競馬の世界史 本村凌二
- 650 風景学入門 中村良夫
- 2344 水中考古学 井上たかひこ